兽医临床快速诊疗系列丛书

实用鸭鹅病临床诊断经验集

董 彝 主编

中国农业出版社

主 编 简 介

　　董彝，1920 年 10 月出生，江苏省溧阳市人。1940 年毕业于陆军兽医学校（现中国人民解放军军需大学），曾任军队兽医。1951 年分配到安徽省阜阳地区工作，曾任地区农业技术推广所畜牧兽医组组长、地区家畜检疫站副站长、地区畜牧兽医学会秘书长。1952 年被评为一级技术员，1983 年被评为高级兽医师。平时刻苦钻研，虚心吸取他人的经验，每治一畜必随时总结。自 2000 年以来，在总结 60 多年兽医临床经验和参阅大量国内外资料的基础上，编写了《兽医临床类症鉴别丛书》，并由中国农业出版社相继出版。

内 容 简 介

本书就各个鸭鹅病的临床症状和剖检的病理变化分类循序归纳，临诊时先从症状找到病名，再将同一病名的其他症状集合在一起，即可作出初步诊断。而剖检的病理变化是按部位、器官归纳，将同一病名的病理变化集中在一起，即为该病应有的剖检所见。现实症状和病理变化如与之基本符合，即可进一步确诊。在介绍各种鸭鹅病实验室诊断方法时，均加注各病的主要临床症状和病理变化，更便于进一步确诊。本书所述免疫接种、消毒、治疗用药的提示，以及鸭鹅病的鉴别诊断，有利于鸭鹅病防治工作的开展。

编写人员

主编　董　彝

编者　董　彝　刘成文

序

诗曰：兽医战线九十翁，连出七本兽医经。通俗易懂很实用，回报社会献终身。

董彝，今年 90 有余，身体健壮，精力充沛。走如风，坐如钟，站如松。手劲大，握人痛。在阜阳兽医战线上，可称元老。60 多年的兽医生涯，积累了大量的第一手资料，为成千上万的农民、专业户、养殖场作出了很大贡献，创造了可观的经济效益和社会价值。

退休后是阜阳老年专家协会会员。著书立说，一连出版7 本关于畜禽疾病预防、治疗、临床诊断的专著，约 200 万字。他真是可歌可敬的老专家，为阜阳兽医事业建立了功勋。

通过我与他的相处、交往、谈心可知，这些专著凝聚了他一生的心血、不懈的追求和至高精神境界。他不为名、不为利，只为国家和人民。

他一生坎坷，生活磨难，面对现实，努力拼搏；

他经验丰富，深入实际，亲临现场，开方治病；

他悟性很高，灵活性好，钻研性强，应变能力快；

他工作认真，团结同志，尊重领导，待人和气；

他不怕吃苦，为人正直，深入农家，了解民需；

他传授技术，望闻问切，精益求精，尽心尽力。

他是我们学习的榜样，是兽医工作者的良师和农民的益友。

魏建功

2014 年 1 月 6 日

改革开放以来，鸭鹅养殖业有了很大发展，随着雏鸭鹅和成年鸭鹅流动，有的甚至跨几个省市，增加了传染病传播途径，加之有些养殖者对鸭鹅病防范意识淡薄，尤其对小型的初建鸭鹅场会造成很大的损失。

对鸭鹅病的诊断有赖于观察病鸭鹅的临床症状和剖检病理变化。由于鸭鹅病的临床诊断比畜病诊断困难，如有些鸭鹅病的体温高达 43～44 ℃，而兽用体温表的最高温度仅43 ℃，无法测量鸭鹅病的最高体温，在鸭鹅病临床诊断手段方面主要依赖问诊和视诊，不如畜病诊断方法多。因此，对病鸭鹅出现的症状必须仔细观察，同时结合剖检病鸭鹅病理变化进行综合分析，方能对鸭鹅病做出初步诊断，有利于采取恰当的防治措施，从而减少损失。

本书将各种鸭鹅病的所有临诊出现的症状分门别类归纳在一起，每条症状之后注有病名。如按病名收集其他症状，即为该病应表现的症状。不同的鸭鹅病在病程中各个内脏器官也会出现不同的病理变化。现按器官归纳各病的病理变化，也同样在每条病理变化后列有病名，将该病所有的病理变化汇集一起，即为该病应有的病理变化。两者的现有情况综合分析，基本可将该病认定。如再进一步通过实验室检验，即可得到确诊。而在实验室检验之前，临诊症状的收集和病理变化的剖检是必不可少的。

同时将实验室检验按细菌性、病毒性、寄生虫性的具体方法汇集一章，有利于方便检验。

编写本书的目的在于引导乡镇兽医和养殖者，通过病禽的临床症状和剖检的病理变化进行综合分析，能及早认清疫病，及时采取防制措施。因此，本书对乡镇兽医和养殖业者分析病情具有重要的参考价值。

由于编写取材的局限性和水平有限，疏漏和不妥之处在所难免，敬请专家同行们不吝赐教。

　　本书编写过程中，承原阜阳行署副专员魏建功的鼓励和支持，并得到许燊、孙仲义两位高级兽医师，丁怀兆研究员、杨瑞新高级畜牧师、郝梅珍兽医师的帮助，在此表示衷心的谢忱。

董　彝

2014 年 2 月 8 日

目 录

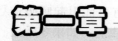

鸭鹅病的临诊检验

近几年，鸭鹅养殖业迅速发展，养殖规模不断扩大，集约化程度不断提高。随着鸭鹅群与种蛋的流动性增加及新品种的引进，鸭鹅病传播的机会也随之增加，原来一个地区从未发生过的鸭鹅病现在也会出现，而且还会出现混合感染，增加了鸭鹅病诊断的难度。

健康的鸭鹅群整体生长发育基本一致，站立有神，敏感性强；翅膀收缩有力且紧贴体躯，尾羽上翘，羽毛紧凑，平整光滑；行走有力，采食敏捷；食欲旺盛，叫声响亮。

如在群中发现有神态异常的鸭鹅，应立即挑出进行检查，以防病情蔓延。在检查雏禽时，看肛周绒毛有无粪污黏结封闭肛门，嗉囊是否充满液体。不论鸭鹅大小，在临诊时应注意全身各个部位有哪些异常症状，再观察精神和行为表现，联系环境卫生及饲料的质量、配制、更换，并考虑邻近禽场有何病发生，进一步进行综合分析，即能对病情有初步认识。必要时再通过剖检和实验室诊断即可确诊。

第一节 问 诊

发病时的表现以及此前相关情况都应该详细询问，从中找出与发病有关的情况，有助于对病情的分析判断。

1. 在怎样的情况下发现病鸭鹅的？有哪些临诊症状？病情的发展如何？如发展快，应考虑可能有传染病入侵。如果突然大多数鸭鹅发病，应考虑中毒的可能。如果是引进的鸭鹅群发病，首先应考虑传染病的可能性，而后考虑环境和饲料。

2. 饲喂的饲料怎样？如果病前更换饲料，应考虑饲料配合和元素超标。增加添加剂时有没有按说明书的标准比例？或者是否因饲料霉变导致中毒？是否蛋白质饲料超过20%～25%？

3. 发病时的天气怎样？如刮大风，门窗关闭不及时，有可能引起呼吸道疾病；如果天气炎热、多雨潮湿，有可能发生传染病或寄生虫病；如果冬季用煤炉取暖，有可能引起一氧化碳中毒。

4. 发病几天后，病情发展迅速还是缓慢？病死率多少？各年龄段发病情况如何？这些有助于缩小判断范围。

5. 发病后采取哪些防治措施？用过哪些药？效果如何？这些有助于分析判断。

6. 此前曾免疫过哪些疫苗？何时进行免疫的？如果这些免疫是可靠的，分析时可予以排除，缩小考虑范围。

7. 邻近鸭鹅场是否曾经发病？如果发病是否有类似处？如果同时期发生同样的病，应考虑有传播的可能性，以便进一步采取预防措施。

8. 水源是否安全？有无污染，沟塘是否曾灭螺？考虑发生寄生虫病的可能性。

第二节　视诊（环境卫生）

首先应看禽舍环境卫生、饲养管理情况，并观察各个鸭鹅群，而后对病鸭鹅进行临诊观察和检查。

看禽舍清洁卫生、鸭鹅群密度、通风保暖情况时注意以下几点：

1. 规范的禽舍应前窗大、后窗小，或有通风道，才能保持禽舍空气流通清新。

2. 看鸭鹅的饲养密度是否合适。肉用雏鸭地面平养密度为：1 周龄的 20～30 只/米^2，2 周龄的 10～15 只/米^2，3 周龄的 7～10 只/米^2。平面垫草饲养密度为：4 周龄的 7～8 只/米^2，5 周龄的 6～7 只/米^2，7～8 周龄的 4～5 只/米^2。网上饲养密度为：1 周龄的 30～50 只/米^2，2 周龄的 15～25 只/米^2，3 周龄的 10～15 只/米^2。笼养密度为：1 周龄的 60～65 只/米^2，2 周龄的 30～40 只/米^2，3 周龄的 20～25 只/米^2。目前，在鸭改平养为笼养，并保证通风的情况下，可适当提高密度，一般每平方米饲养 60～65 只，若分两层则每平方米可养 120～130 只。

3. 应该注意鸭鹅舍内的温度是不是适合当时的禽群，过高或过低都有损健康和发生疾病。

4. 鸭鹅群中如有精神不振、反应迟钝、行动缓慢、离群呆立、食欲减退或废食的应取出隔离，并予以临诊检查。

雏鸭和雏鹅的培育温度分别见表1-1和表1-2。

表1-1 雏鸭培育温度

日 龄	育雏室温度（℃）	育雏器温度（℃）
1～7	25	25～30
8～14	20	20～25
15～21	15	15～20
22～26	13	13

表1-2 雏鹅培育温度

周龄	温度（℃）
1	27～29
2	25～27
3	22～25
4	19～22

资料来源：陈国宏，《鸭鹅饲养技术手册》。

第三节 临诊检查

1. 冠髯

（1）冠髯苍白　常见于一些营养缺乏症（如维生素 A 及维生素 K 缺乏等）、寄生虫病（如蛔虫病、弓形虫病、球虫病等）、慢性传染病（白痢、出血性肠炎、结核、慢性伤寒、弯曲杆菌性肝炎）、中毒病（磺胺类药物中毒、黄曲霉毒素中毒等）。

（2）冠髯暗红、发蓝、蓝紫　见于组织滴虫病及巴氏杆菌病、禽流感、喹乙醇中毒等。

（3）冠髯有结节疹块　见于禽痘，表面有粉状物见于喹乙醇中毒。

2. 眼

（1）眼泪多　见于毛滴虫病、轻度一氧化碳中毒、禽流感等。

（2）角膜发炎甚至溃疡　见于黄曲霉毒素中毒、链球菌病、维生素 A 缺乏症等。

（3）眼有寄生虫　见于涉禽嗜眼吸虫病、孟氏尖旋尾线虫病，台湾乌蛇线虫危及眼时后期会出现失明。

3. 口腔 口流涎见于鹅球虫病、毛滴虫病。禽痘常见于口黏膜产生结节、痘疹。

4. 鼻 有的病鼻有大量分泌物流出，如食盐中毒、衣原体病等。

5. 头 头肿大，如禽流感（头肿、声门水肿）、禽肺病毒感染（眶下窦肿胀、下颌水肿）。

6. 嗉囊 嗉囊膨大、较硬见于嗉囊积食。嗉囊扩大而柔软，内多液体，见于念珠菌病、食盐中毒等，将禽倒提从口鼻流出恶臭黑色液体（肌胃糜烂病）。

7. 喷嚏、咳嗽 见于禽流感、气管比翼线虫病、舟形嗜气管吸虫病、曲霉菌病等。

8. 呼吸 表现张口呼吸见于一些传染病（衣原体病、曲霉菌病、白痢、巴氏杆菌病、副伤寒等）、中毒病（黄曲霉毒素中毒、食盐中毒、菜籽饼中毒、一氧化碳中毒等）、寄生虫病（台湾乌蛇线虫病、疟原虫病等）。

9. 皮肤 皮肤干而粗糙，见于烟酸缺乏，鸭则有皮炎和化脓性结节。皮肤有鳞片皮屑见于弯曲杆菌病。皮肤发绀见于严重腹水综合征。皮肤有出血斑点见于维生素 K 缺乏；毛囊出血见于成红细胞白血病。口角、眼睑出现白色丘疹见于念珠菌病；皮肤有痘疹见于禽痘。皮下水肿呈紫色或紫褐色见于维生素 E-硒缺乏；若水肿液呈淡蓝绿色、皮下水肿则见于禽链球菌病。如有外寄生虫，则表现瘙痒，以喙啄毛根、皮肤，不安。

10. 喙、趾（蹼） 黄色消退，见于维生素 A 缺乏、鸭黄曲霉毒素中毒、鸭病毒性肝炎、喹乙醇中毒。上腭短缩见于锰缺乏。

11. 营养状况 消瘦多见于寄生虫病和一些慢性疾病（包括传染病和元素缺乏症）。腹部膨大而柔软见于葡萄球菌病，淋巴性白血病的腹部也显膨大（肝和法氏囊肿大所致）。

12. 腿关节 关节骨骼弯曲见于锰、烟酸、维生素 B_6 缺乏。关节肿大发炎见于痛风及钙磷、烟酸、维生素 E-硒缺乏、病毒性关节炎，以及一些大肠杆菌病、链球菌病、葡萄球菌病、结核等疾病。

13. 神经症状 痉挛、抽搐见于一些中毒病（食盐中毒）和一些传染病、维生素缺乏。角弓反张见于鸭黄曲霉毒素中毒和一些传染病的后期。

14. 粪便 正常情况下粪便较干，有病时粪里水分增加变稀，有的排零星黏液而形成下痢。有些疾病在不同阶段的病程中排不同颜色的稀粪。

（1）排水样粪 常见于六鞭原虫病、法氏囊病、弯曲杆菌性肝炎、副伤寒、鸭伪结核病、肉毒中毒、雏鸭副伤寒等。

（2）排灰白色稀粪 常见于痛风、白痢、肉毒中毒、弓形虫病、鸭瘟，初排白色稀粪，后排灰绿色稀粪。

（3）排绿色稀粪　见于衣原体病、雏番鸭细小病毒病，有时巴氏杆菌病和雏番鸭细小病毒病、病毒性肝炎排灰白色或绿色腥臭稀粪。

（4）排黄绿、灰黄或灰绿稀粪　见于急性败血型巴氏杆菌病、鸭衣原体病、鸭传染性浆膜炎、鸭曲霉菌病、鸭黄曲霉毒素中毒、雏鸭链球菌病等。

（5）排黄白稀粪　见于大肠杆菌病。

（6）排带血稀粪　见于坏死性肠炎、组织滴虫病、禽流感、喹乙醇中毒、鸭球虫病等。

（7）排腊肠样粪　鹅球虫病后期排出长条状的腊肠样粪，表面呈灰或灰白色、灰黄色。小鹅球虫病开始排白色稀粪，后排腊肠样粪。

（8）粪中有寄生虫虫体　见于蛔虫病、肠舌形绦虫病、（鸭、鹅）鸟类圆线虫病。

（9）稀粪中含有纤维素　见于小鹅瘟。

15. 精神状况和异常行为

（1）病鸭鹅在患病期间一般多失去平时的活力，表现出病态，离群呆立，闭目缩颈，稍有惊动仅能缓慢离开，易被捕捉，严重时羽毛松乱，两翅下垂，运步蹒跚，如肢有麻痹或疼痛，不愿或无力走路而蹲伏卧地，看一眼即可在鸭鹅群找出病鸭鹅。

（2）当中毒或传染病使中枢或外周神经受到损害时，表现共济失调，走路不稳，有的头颈侧弯、震颤，啄食不准，翅肢痉挛、抽搐。严重时表现扑翅，盲目向前冲，打转，摔倒翻滚，头颈后仰，角弓反张，卧地两肢乱蹬。有的肢体麻痹、昏睡，这些症状多出现在传染病、元素缺乏症的后期和中毒病。

第四节　流行病学调查

由于鸭、鹅对疾病的易感性（有些是病原体的自然宿主）与鸡不同，所以会出现鸡易感染发病的某个病，鸭、鹅不感染，也有病鸭、鹅易感染发病鸡或火鸡却不感染。也有些病仅雏鸭鹅得病而成年鸭鹅则不发病，但也有仅大鸭鹅发病而幼鸭鹅却不感染。有的病一年四季发病不分季节，有的仅在炎热潮湿时期发病而在寒冷季不发病，有的在寒冷季节发病而天热时不发病，有的病仅发生在春季。疾病的这一流行特点，有助于我们对疾病进行综合分析。

一、发病季节

秋末、冬季和春季发病，如鸭传染性窦炎。冬春季节多发，如鸭传染性浆膜炎、雏番鸭细小病毒病。一年四季发生且无明显季节性，如小鹅瘟、鸭病毒性肝炎。3～5月发病，如李氏杆菌病、鹅球虫病（广东）。秋冬季节最易流行，如禽痘（黏膜型秋冬季多发）。炎热、潮湿的多雨季节较多发生，如巴氏杆菌病、链球菌病、肉毒中毒（鸭较多发生）、坏死性肠炎、家禽念珠菌病。

鸭球虫病北京地区流行时间为5～11月，而7～9月发病率最高。

住白细胞虫病广州地区的流行时间为4～10月（蠓是传播媒介，此期间是其繁殖季节），严重发病在4～6月，发病高峰在5月。河南的郑州、开封多发于6～8月，福建在5～7月。

葡萄球菌病多发生在鸡痘期间，在带翅号、断喙、刺种、网刺、啄伤、脐带刚收，因皮肤创伤而感染，特别是密度大、拥挤更容易促使该病发生。

二、鸭鹅对疾病的易感性

（一）鸡、鸭、鹅均易感

1. 李氏杆菌病　鸡、鸭、鹅均易感。

2. 结核病　各种年龄和不同品种的家禽均可感染，鸭、鹅、鸽、山鸡、珍珠鸡、锦鸡、石鸡均能感染。

3. 肉毒中毒　家禽、水禽均可发生，以鸭为最多，其次是鸡、火鸡、鹅等较常见。

4. 网状内皮组织增生病　自然宿主依次包括火鸡、鸭、鸡、雉、鹅，尤其是火鸡和鸭群中危害较严重。胚胎或初生期感染病毒的鸭产生持续性的病毒血症，不产生抗体或抗体水平很低。21日龄鸭感染后，病毒血症非常短暂，抗体产生后病毒血症即消失。

5. 曲霉菌病　鸡、鸭、火鸡、鸽及多种鸟类均有易感性，幼龄易感性最高。

6. 禽链球菌病　鸡、鸭、火鸡、鸽、鹅均有易感性，以鸡为最敏感。

7. 疏螺旋体病　对鸡、鸭、鹅、麻雀均有较强的易感性，各种年龄均可感染，老龄鸭鹅有抵抗力，鸽有较强的抵抗力。

8. 隐孢子虫病　鸡、鸭、鹅、鹌鹑常见，鸡的感染率为69.62%，鸭为 53.6%。

9. 腹水综合征 多发生于肉鸭。

（二）鸭、鹅易感

1. 鸭瘟 鸭最易感，也可感染鹅，1 月龄以内小鸭少见大批发病。

2. 鸭病毒性肝炎 自然暴发时仅发生于雏鸭（1 周龄左右，3～5 周龄也常见，4～5 周龄发病率很低），成年鸭即使感染也无临诊症状。

3. 雏番鸭细小病毒病 番鸭是唯一发病的动物，3 周龄以内发病。

4. 鸭传染性窦炎 5～15 日龄雏鸭易感性最高。

5. 鸭大肠杆菌病 鸭感染。

6. 鸭伪结核病 幼龄鸭鹅易发生本病。

7. 鸭球虫病 各种年龄的鸭均有易感性，雏鸭发病严重，地面饲养的雏鸭有的 12 日龄发病死亡。网上饲养的 2～3 周龄鸭转为地面饲养时常严重发病，4 周龄以上的鸭感染时发病率较低，9 周龄只有 10% 的感染率。

8. 产蛋下降综合征 病毒自然宿主是鸭、鹅，但无临诊表现。鸡从口感染后，无明显症状，常是 26～36 周龄产蛋率下降，比正常下降 20%～50%。

9. 鸭传染性浆膜炎 1～8 周龄的鸭自然感染均易感，2～3 周龄鸭最易感，7～8 周龄以上的鸭很少见。

10. 小鹅瘟 自然感染雏鹅、番鸭发病。

11. 鹅大肠杆菌病 鹅感染（有 12 个血清型）。

12. 鹅球虫病 主要侵害幼鹅。

三、鸭鹅病易感年龄

有些鸭鹅病的发生常与年龄有关。

（一）按日龄看发病

1. 6 日龄即发病 如滑液支原体病（经卵传播）。

2. 2～5 日龄发病 如小鹅瘟（7～10 日龄发病率和死亡率达最高峰）。

3. 4～9 日龄为流行高峰 如曲霉菌病（2～3 周后基本停止）。

4. 5～10 日龄发病 如链球菌病（15 日龄即有死亡，45 日龄为雏鹅发病高峰）。

5. 5～15 日龄易感性最强 如鸭传染性窦炎。

（二）按周龄看发病

1. 1 周龄左右发病 如鸭病毒性肝炎（3～5 周龄常见）。

2. 1～8 周龄的鸭易感 如鸭传染性浆膜炎（尤以 2～3 周龄的小鸭最易感，1 周龄以内的幼鸭很少发病，7～8 周龄以上的很少见）。

3. 2 周龄最常见 如副伤寒（1 月龄以上很少死亡）。

4. 2～3 周龄鸭由网养转地上平养发病严重 如鸭球虫病（4 周龄以上感染时发病率低，4～6 周龄感染率 100%，育肥鸭 9 周龄感染率低，约为 10%）。

5. 2～6 周龄发生败血症死亡 如鸭大肠杆菌病（发病率 20%～60%，病死率 5%～30%）。

6. 3 周龄以内雏番鸭发病 如雏番鸭细小病毒病（发病率 27%～62%，日龄越小发病率和病死率就越高）。

7. 主要发生于 4 周龄以下 如亚利桑那菌病（鸽也常见，雏鸭、雏鹅也会发生）。

（三）按月龄看发病

3～4 月龄发病，如巴氏杆菌病（鸭、鹅多为急性，仔鹅的发病率和死亡率比成年鹅严重）。

（四）各种年龄均感染

1. 禽痘 幼鸭鹅最常发病。

2. 禽亚利桑那菌病 主要侵害 4 月龄以下的火鸡和鸡，雏鸭、雏鹅也会发病。

3. 鸭瘟 青年鸭、成年鸭均易感，公鸭比母鸭抵抗力强，1 月龄以下的雏鸭发病较少。

4. 李氏杆菌病 各种年龄均易感，幼龄比成年鸭鹅易感，发病急。

四、鸭鹅病感染途径

（一）垂直传播

所谓垂直感染，就是病鸭鹅所产的蛋被其所携带的病原微生物污染，有的穿过蛋壳进入蛋内，胚胎在孵化过程中感染；有的附在蛋壳外表，当胚胎啄壳时被感染。有些病通过这种方式由母代传播给子代。

1. 禽白血病 感染禽所产蛋孵出的禽终生带毒。

2. 产蛋下降综合征 经受精卵垂直传播。

3. 小鹅瘟 病鹅所产的蛋带有病毒，孵化中死亡或出壳后 3～5 天大批死亡。

4. 雏番鸭细小病毒病　经被污染的种蛋壳传给刚出壳的雏鸭。

5. 禽白痢　感染的种蛋是传播感染的主要途径。

6. 禽伤寒　可通过蛋传播给后代。

7. 禽副伤感　感染禽所产的蛋中有 10％为沙门氏菌阳性。

8. 大肠杆菌病　蛋壳表面的大肠杆菌可穿透蛋壳进入蛋内。

9. 亚利桑那菌病　已经证明本病是一种经蛋传播性疾病。

10. 链球菌病　被病鸭鹅污染的蛋，经蛋壳感染胚。

（二）水平传播

致病的病毒或细菌除经蛋垂直传播外，另外一个广泛而重要的传播途径是水平传播。当已感染或正发病的病鸭鹅混饲于鸭鹅群中，与健康鸭鹅直接接触而传播疾病。病鸭鹅呼出的气、喷嚏、咳嗽、甩头飞溅出来含有病毒或细菌的飞沫和被污染的尘埃，可通过呼吸道吸入健康鸭鹅体内而感染。被病鸭鹅粪便及宰杀病鸭鹅的羽毛、血水、胃肠内容物污染的饲料、饮水、垫草，可通过消化道进入健康鸭鹅体内而感染。接触处理病鸭鹅工作人员的衣物、用具和运输车辆也可间接传播。炎热季节体内有病毒、细菌的蚊、蠓、蚋、蜱也可通过刺吸血液而间接传播。以上均是在综合分析病情时应考虑的因素。

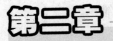

鸭鹅病的临诊观察

第一节　精神状态

　　鸭鹅喜欢生活在有水的地方，当由圈棚放出时，鸭鹅多展开翅膀扇动并鸣叫着奔向池塘，争先恐后地跃入水中游泳或钻入水中找食。上岸吃食时，争先恐后地奔向食盆。如果鸭鹅有病时，会发现在整个活动中表现走动缓慢，常落于群体之后或呆立不动，即使进入池塘，勉强游泳也远落于群体之后。健康鸭鹅如在圈棚内休息时见有生人，即群起避开并鸣叫，有病者则起立缓慢，行动落后，易被捕捉。

一、精神不振

　　活动时动作缓慢，虽落在群后仍继续随行，振翅无力，步态不稳。

精神不振	—— （鹅）钩刺棘尾线虫病

精神不振	—— （鸭）钩刺棘尾线虫病

精神不振，步态不稳	—— （鸭）细颈棘头虫病

精神不振，步态不稳，离群掉队	—— （鸭）衣原体病

精神不振，翅翼无力，毛易脱落，步态不稳，跛行	—— （雏鸭）黄曲霉毒素中毒

初病精神不振，呆立，毛粗乱，缩颈，嗜睡，喜卧 ——（鸭）球虫病

大量感染时，精神不振，两足无力 ——（鸭）曲颈棘缘吸虫病

大量感染时，精神不振，两足无力 ——（鹅）曲颈棘缘吸虫病

二、精神沉郁

精神萎靡，毛松乱，头颈无力，喜卧，有干扰时难于起立走避。病重时两脚麻痹，嗜眠。

垂头，虚弱，站立不动 ——（鸭）捻转毛细线虫病

委顿，衰弱，毛松乱，运动失调 ——（幼鸭）维生素 A 缺乏症

毛松乱，有时步态不稳，两脚瘫痪 ——（肉鸭）黄曲霉毒素中毒

行走困难或呆立不动，两脚无力甚至麻痹，卧地挣扎不起，最后衰竭死亡 ——（雏鸭）食盐中毒

不活泼，脚软，跛行 ——（蛋鸭）黄曲霉毒素中毒

多见于日龄较大的鸭，精神委顿，喜蹲伏，两脚无力，行走缓慢 ——（亚急性）雏番鸭细小病毒病

沉郁困倦，伏卧，不愿走动，共济失调 ——（雏鸭亚急性、慢性）鸭传染性浆膜炎

初沉郁，毛松乱，后步态不稳，两腿麻痹，不能行走，倒地不能站起，叫声嘶哑 —— （樱桃谷鸭）黄曲霉毒素中毒

孵出后个体小，不活泼，行动迟缓，离群呆立一旁，病后存活的鸭羽毛污秽不洁，驼背垂尾 —— （北京鸭）黄曲霉毒素中毒

7～14 日龄病鸭，羽毛松乱，两翅下垂，尾端向下弯曲，两脚无力，懒于走路。厌食离群。后期常蹲伏，濒死前两脚麻痹 —— （急性）雏番鸭细小病毒病

采食后 1～4 小时（最多 1～2 天）发病，沉郁，嗜眠，步态不稳，头颈软、无力、垂向前下方，头触地，两脚无力，卧地不起，站立成企鹅姿势，两翅下垂，拖地，强行驱赶则两翅拍打地面。有的伏卧，摇头伸颈，将头颈伸直平铺于地 —— （鸭）肉毒梭菌毒素中毒

1～3 周龄感染性最强，颤抖，呆立，头翅下垂，毛蓬乱，扎堆怕冷 —— （雏鸭）副伤寒

精神沉郁，离群独处，羽毛松乱，两脚麻痹，行动迟缓，严重的不能走动，伏地不起，不愿下水游泳，常蜷伏池边 —— 鸭瘟

嗜眠、缩颈或头触地，腿软无力，不愿走动或步态蹒跚，共济失调 —— （雏鸭急性）鸭传染性浆膜炎

沉郁，不爱走动而跟不上群，常缩颈呆立，两眼半闭，翅下垂，毛松乱，不愿下水游动，即使赶下水也很快上岸 —— （鸭急性）曲霉菌病

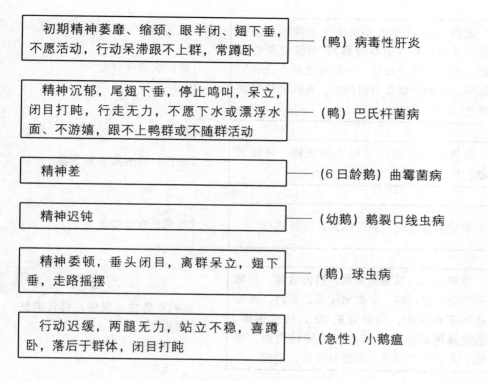

初期精神萎靡、缩颈、眼半闭、翅下垂，不愿活动，行动呆滞跟不上群，常蹲卧	（鸭）病毒性肝炎
精神沉郁，尾翅下垂，停止鸣叫，呆立，闭目打盹，行走无力，不愿下水或漂浮水面、不游嬉，跟不上鸭群或不随群活动	（鸭）巴氏杆菌病
精神差	（6日龄鹅）曲霉菌病
精神迟钝	（幼鹅）鹅裂口线虫病
精神委顿，垂头闭目，离群呆立，翅下垂，走路摇摆	（鹅）球虫病
行动迟缓，两腿无力，站立不稳，喜蹲卧，落后于群体，闭目打盹	（急性）小鹅瘟

第二节　神经症状

当病原体、毒物侵害中枢神经或外周神经，或缺乏某种元素时，必然会出现各种神经症状，轻则敏感易惊，重则痉挛、抽搐、头向后仰、颈左右摇摆，甚至角弓反张、瘫痪。

一、痉挛、抽搐

易受惊	（23日龄雏肉鸭）喹乙醇中毒
死前出现神经症状或瘫痪	（鸭）衣原体病
出现麻痹状态，有的痉挛、抽搐	（鸭急性）曲霉菌病

发病 12～14 小时即发生全身抽搐，多侧卧，头向后背（俗称背脖），两脚痉挛性蹬踏，有时在地上旋转，出现抽搐后十几分钟即死。有的持续 5 小时死亡。有的幼鸭很快死亡 —— （鸭）病毒性肝炎

外界有刺激时会出现头颈扭转，转圈运动，后退惊叫 —— （幼鸭）维生素 A 缺乏症

常常头颈旋转，胸腹朝天，不能站立 —— （雏鸭）食盐中毒

痉挛性点头或摇头摆尾，前仰后翻，后翻则仰卧不易翻转，少数出现头颈歪斜，遇惊扰即不断鸣叫，颈部弯曲 90°，转或倒退，当安静蹲卧并采食饮水时头颈稍弯曲、伸颈，并能长期存活，但发育不良，消瘦 —— （雏鸭亚急性、慢性）鸭传染性浆膜炎

二、角弓反张

发生痉挛和角弓反张，一般于 1 周内在昏迷状态下死亡 —— （雏鸭）黄曲霉毒素中毒

喜卧，驱赶时走几步又卧下，翻倒仰卧不易翻转，濒死前痉挛，角弓反张 —— （雏鸭）链球菌病

头歪向一侧或仰头转圈，阵发性发作，随着病情的发展，发作次数增加，并逐渐严重，全身抽搐或呈角弓反张而死亡 —— （鸭）维生素 B_1 缺乏症

死前出现两腿麻痹或抽搐 —— （亚急性）小鹅瘟

瘫痪，向一侧倾斜，头向后屈曲 —— （6日龄鹅）曲霉菌病

第三节　眼　　睛

在健康状态下，鸭鹅眼睛明亮，眼睑外表正常，开闭自如，眼结膜淡红色，不流分泌物。当有些疾病影响到眼睛时会出现结膜炎，严重时红肿流泪，甚至因分泌物过多而上下眼睑粘连。有的角膜浑浊，严重者发生溃疡。

一、结膜炎

结膜炎 —— （鹅关节炎型）葡萄球菌病

严重病例，眼结膜潮红，眼泪沾湿眼周羽毛。少数失明 —— （鸭）传染性窦炎

结膜炎，眼流浆液性黏性分泌物 —— （鸭）衣原体病

眼结膜充血水肿，流泪，泪点常有出血斑点，眼有分泌物，初为浆液性后脓性，严重时上下眼睑粘连 —— 鸭瘟

二、眼结膜干燥

眼结膜干燥 —— （急性）小鹅瘟

三、流泪

流泪 —— （鸭）伪结核病

有流泪痕迹 —— （急性）雏番鸭细小病毒病

眼有浆液性或黏性分泌物。眼周羽毛粘连或脱落 —— （雏鸭急性）鸭传染性浆膜炎

眼半闭，流泪。瞳孔放大 —— （鸭）肉毒梭菌毒素中毒

眼周有黑色痂样物，有的瞎一眼或两眼 —— （北京鸭）黄曲霉毒素中毒

四、角膜混浊

有的角膜混浊，失明 —— （鸭急性）曲霉菌病

角膜混浊，严重者溃疡，多为一侧性 —— （慢性）鸭瘟

流泪，眼有分泌物，眼睑粘连，角膜混浊 —— （幼鸭）维生素 A 缺乏症

五、眼睑水肿、眼眶上方长瘤

眼睑水肿 —— （雏鸭）副伤寒

部分眼眶上方长瘤（绿豆或黄豆大，稍硬） —— （鸭急性）曲霉菌病

第四节　口　　鼻

正常情况下，鸭鹅的口鼻是干净的，发病时，有的口黏膜产生结节并覆有薄膜，揭开膜显溃疡，有的口鼻流分泌物，有的仅流鼻液。

一、口鼻流分泌物

口黏膜有小结节或覆有白色薄膜，揭膜显溃疡 —— （幼鸭）维生素 A 缺乏症

| 口鼻流大量分泌物 | —— （雏鸭）食盐中毒 |

| 口鼻流黏液 | —— （鸭）巴氏杆菌病 |

| 口鼻有棕色或绿褐色浆液性分泌物流出 | —— （急性）小鹅瘟 |

二、鼻流鼻液

| 鼻、眼流水样分泌物 | —— （雏鸭）副伤寒 |

| 鼻流浆液性或黏性分泌物，倒提病鸭从口中流出污褐色液体，张开口腔，拉出舌可见黏膜上有出血点 | —— 鸭瘟 |

| 鼻流浆液性液体，后为黏性、脓性，鼻孔周围结有干痂 | —— （鸭）传染性窦炎 |

| 鼻流浆液性黏性鼻液 | —— （雏鸭急性）鸭传染性浆膜炎 |

| 鼻流浆液性黏性分泌物 | —— （鸭）衣原体病 |

| 鼻孔周围有草料和分泌物 | —— （亚急性）小鹅瘟 |

第五节　嗉　　囊

　　鸭、鹅没有像鸡一样的嗉囊，仅在食管颈段形成一纺锤形的扩大部，只有在饱食后才显颈部隆凸。有些病可使嗉囊充满液体或气体。

| 嗉囊扩张 | —— （雏鸭）食盐中毒 |

有的嗉囊充满液体 ——（鹅）球虫病

嗉囊松软，含有液体和气体 ——（急性）小鹅瘟

第六节　喙、蹼

鸭鹅的喙、蹼为黄色，有些病鸭鹅喙、蹼色泽变淡，有的变紫，23 日龄雏肉鸭发生喹乙醇中毒时上腭缩短，表现鸭喙上短下长，表面皲裂。

一、喙、蹼褪色

喙、腿黄色消退 ——（幼鸭）维生素 A 缺乏症

喙与蹼黄白色 ——（北京鸭）黄曲霉毒素中毒

二、喙、爪变软弯曲

喙与爪变软，行走吃力，躯体向两边摇摆 ——维生素 D 缺乏症

足趾向内踡曲 ——维生素 B_2 缺乏症

幼鸭鹅的喙与爪较易弯曲 ——钙磷缺乏及钙磷比例失调

三、喙、趾皮炎

趾间和脚底皮肤发炎，表层皮肤有脱落现象，脚部皮肤增生角化，行走困难 ——泛酸缺乏症

四、喙、蹼发紫

喙、蹼发紫 —— （鹅）巴氏杆菌病

喙端发绀，蹼色变暗 —— （急性）小鹅瘟

喙端、爪尖呈紫色 —— （鸭）病毒性肝炎

年龄较大的脚趾部发紫 —— （雏鸭）黄曲霉毒素中毒

有的趾部发紫，有溃疡 —— （蛋鸭）黄曲霉毒素中毒

五、上腭缩短

鸭上腭缩短（上短下长），表面干燥皲裂 —— （23 日龄雏肉鸭）喹乙醇中毒

胚胎喙短弯，呈特征性的"鹦鹉嘴" —— 锰缺乏症

第七节　呼　　吸

鸭鹅在平静状态下发生气喘或呼吸困难（张口呼吸），都是病象。

一、气喘

气喘 —— （雏鸭）副伤寒

呼吸加快 —— （鸭）传染性窦炎

有的气喘 —— （鸭慢性）曲霉菌病

二、呼吸困难（张口呼吸）

呼吸困难	—— （鸭）伪结核病
呼吸困难	—— （雏鸭）食盐中毒
呼吸困难，不时甩头（甩掉口鼻液）	—— （鸭）巴氏杆菌病
有少数病例呼吸困难，张口呼吸。消瘦死亡	—— （雏鸭亚急性、慢性）鸭传染性浆膜炎
呼吸困难，叫声嘶哑。极度衰竭，不久即死亡	—— 鸭瘟
雏鸭多发，呼吸急促，频频伸颈张口，气喘，叫声嘶哑。最后抽搐而死	—— （鸭）念珠菌病
呼吸困难，张口呼吸	—— （急性）雏番鸭细小病毒病
有的呼吸困难，后腹起伏明显，咳嗽，有时强力咳嗽和喘鸣	—— （鸭急性）曲霉菌病
呼吸加深加快，后期慢而深，有的呼吸极困难，最后昏迷死亡	—— （鸭）肉毒梭菌毒素中毒
类似鸡的呼吸道症状（喷嚏，伸颈张口，呼吸困难）	—— （鸭）隐孢子虫病
有的呼吸有啰音，张口呼吸	—— （鸭）衣原体病

三、鹅的呼吸异常

| 张口呼吸 | ——（急性）小鹅瘟 |

| 感染后 8 天出现严重呼吸症状，感染第 11 天死亡 | ——（鹅）隐孢子虫病 |

| 咽喉有分泌物 | ——（鹅）巴氏杆菌病 |

第八节　头、皮肤

鸭瘟发生时头部肿大及下颌水肿，显得头部特大，因此有大头瘟或肿头瘟之称，是一种特征性症状。头部及全身皮肤均有出血点。

一、头部及皮下肿胀

| 头部肿大，下颌水肿（俗称大头瘟或肿头瘟） | ——鸭瘟 |

| 18 日龄至 80 日龄鸭皮下结缔组织（下颌、腿部最多）出现瘤样肿胀，有时眼、颈、额顶、嗉囊、胸腹、泄殖腔周围等处也出现 | ——四川乌蛇线虫病 |

| 皮肤或脂肪呈黄色，切面海绵状，似蜂窝织炎变化 | ——鸭传染性浆膜炎 |

二、皮肤出血和皮炎

| 产蛋鸡脱毛，足和皮肤有鳞状皮炎 | ——（成年鸭）烟酸缺乏症 |

拔毛后，全身皮肤均有出血点，尤以头颈部较多见 —— 鸭瘟

第九节　食　　欲

当鸭鹅有病时，必然会出现减食甚至不食。

一、减食

减食，不愿吃配合饲料，爱吃不发霉花生饼及垫草 —— （肉鸭）黄曲霉毒素中毒

食欲不振 —— （6日龄鹅）曲霉菌病

间歇期间仍能采食 —— （幼鸭）维生素A缺乏症

食欲减退，消瘦迅速 —— （鹅）球虫病

二、鸭不食

大群感染时，食欲缺乏 —— （鸭）曲颈棘缘吸虫病

少食或不食 —— （雏鸭亚急性、慢性）鸭传染性浆膜炎

少食或不食，后期拒食 —— （鸭急性）曲霉菌病

不食或少食 —— （雏鸭急性）鸭传染性浆膜炎

贫血，生长不良，多因采食困难，消瘦衰竭而死 —— （慢性）鸭瘟

停食，吞咽困难 ———— （鸭）肉毒梭菌毒素中毒

三、鹅食欲减退或废绝

大量感染时，食欲缺乏 ———— （鹅）曲颈棘缘吸虫病

食欲消失 ———— （幼鹅）鹅裂口线虫病

发病第 7 天大部分不食 ———— （小鹅）球虫病

成年鹅与鸭症状相似，仔鹅发病与死亡比成年鹅严重。不食 ———— （鹅）巴氏杆菌病

第十节　饮　　水

禽在某些病发生时，表现饮水量增加。

饮水增加 ———— （鸭）巴氏杆菌病

饮水增加 ———— （鸭）球虫病

饮水增加 ———— （肉鸭）黄曲霉毒素中毒

饮水增加 ———— （雏鸭）食盐中毒

喜饮水 ———— （蛋鸭）黄曲霉毒素中毒

拒食、饮水多 ———— （急性）小鹅瘟

第十一节 粪 便

在正常情况下，鸭的粪较软，鹅的粪较干，一旦排泄的粪较稀或水样，则明显发病。不同的病，粪的颜色也有所不同，这是值得注意的。

一、白色或绿色粪

腹泻是本病特征之一，初为白色，后变灰绿，甚至绿色，也有的呈褐色，有特异气味，粪便污染肛门周围羽毛，泄殖腔充血、出血，水肿严重时泄殖腔黏膜外翻 —— 鸭瘟

排灰白或绿色有腥臭稀粪，有时混有血液 —— （鸭）巴氏杆菌病

腹泻，排灰白或淡绿色稀粪，肛门四周有粪污 —— （急性）雏番鸭细小病毒病

少数幼雏死前排黄白或绿色稀粪 —— （鸭）病毒性肝炎

二、黄色、黄绿或绿色粪

腹泻，排绿色或黄白色粪，肛周有粪污 —— （鸭）衣原体病

粪稀，呈黄绿或绿色 —— （雏鸭急性）鸭传染性浆膜炎

排绿色或黄色糊状稀粪 —— （鸭急性）曲霉菌病

3～5天后下痢，粪呈黄绿色水样且有泡沫，肛周有粪污 —— （北京鸭）黄曲霉毒素中毒

三、绿色稀粪

排绿色稀粪，当天或次日死亡 ——（樱桃谷鸭）黄曲霉毒素中毒

腹部膨大，排绿色稀粪，肛周有粪污 ——（雏鸭）链球菌病

四、含血稀粪

后期下痢，粪呈黑色或黄绿色，后期血便 ——（肉鸭）黄曲霉毒素中毒

排桃红或暗红色稀粪，有时见黄灰色黏液，腥臭 ——（鸭）球虫病

五、水样稀粪

下痢，粪呈水样，色绿或暗红，肛门外翻和麻痹 ——（鸭）伪结核病

排白色水样稀粪，泄殖腔外翻 ——（鸭）肉毒梭菌毒素中毒

拉水样粪，肛周有粪污 ——（雏鸭）副伤寒

六、稀粪含有多量黏液，量少而频

下痢 ——（雏鸭）食盐中毒

口黏膜发炎，消化不良，下痢 ——（雏鸭）烟酸缺乏症

| 有下痢症状 | —— （鹅关节炎型）葡萄球菌病 |

| 有下痢症状 | —— （鸭关节炎型）葡萄球菌病 |

| 有的下痢 | —— （鸭慢性）曲霉菌病 |

| 大量感染时发生肠炎 | —— （鸭）曲颈棘缘吸虫病 |

| 腹泻 | —— （鹅）巴氏杆菌病 |

| 大量感染时发生肠炎 | —— （鹅）曲颈棘缘吸虫病 |

七、稀粪含有纤维素

| 腹泻，粪中有气泡、未消化食物和纤维素片，肛门有粪污 | —— （亚急性）小鹅瘟 |

| 排黄白或黄绿色稀粪，内含气泡和纤维素、未消化食物，泄殖腔周围羽毛被污染。捏压腹部可流出稀粪 | —— （急性）小鹅瘟 |

八、腊肠样稀粪

| 粪初糊状，后为稀粪或水样，严重的排鲜红血粪，粪内充满液体，后期有的排出长条状的腊肠样粪，表面呈灰色或灰白色，排灰黄色粪的病鹅往往1～2天死亡 | —— （鹅）球虫病 |

| 开始排白色稀粪，后排腊肠样粪 | —— （小鹅）球虫病 |

九、粪检有虫体和虫卵

严重感染时，可出现肠炎，粪中可见虫体和虫卵 —— （鹅）鸟类圆线虫病

第十二节 贫 血

当鸭鹅有寄生虫寄生或慢性中毒时，由于机体长期得不到充足的营养而逐渐消瘦和贫血。

一、鸭消瘦、贫血

消瘦 —— （鸭）捻转毛细线虫病

消瘦 —— （鸭、鹅）包氏毛毕吸虫病

消瘦 —— （鸭）钩刺棘尾线虫病

大量感染时贫血、消瘦 —— （鸭）曲颈棘缘吸虫病

大量寄生时贫血 —— （鸭）细背孔吸虫病

慢性时减食，消瘦、贫血。最后呈恶病质 —— （肉鸭）黄曲霉毒素中毒

有的病稍久则消瘦，衰弱无力 —— （樱桃谷鸭）黄曲霉毒素中毒

二、鹅消瘦、贫血

消瘦 —— （鹅）包氏毛毕吸虫病

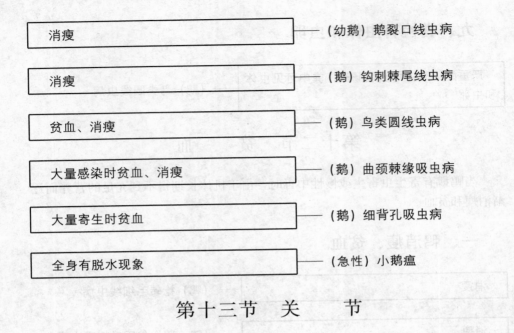

消瘦 ——— （幼鹅）鹅裂口线虫病

消瘦 ——— （鹅）钩刺棘尾线虫病

贫血、消瘦 ——— （鹅）鸟类圆线虫病

大量感染时贫血、消瘦 ——— （鹅）曲颈棘缘吸虫病

大量寄生时贫血 ——— （鹅）细背孔吸虫病

全身有脱水现象 ——— （急性）小鹅瘟

第十三节 关 节

鸭鹅两脚关节因病发生炎性肿胀，进而不愿走动或两肢无力、瘫痪，如果趾蹼被划破而感染则跗趾关节红肿热痛，有的因关节肿大而跛行。

一、鸭关节肿胀、发炎

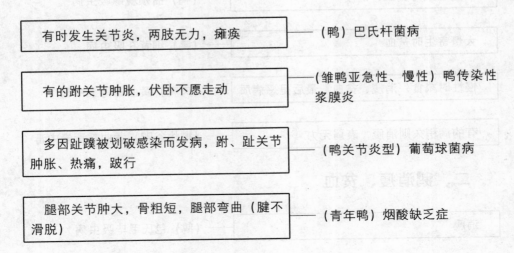

有时发生关节炎，两肢无力，瘫痪 ——— （鸭）巴氏杆菌病

有的跗关节肿胀，伏卧不愿走动 ——— （雏鸭亚急性、慢性）鸭传染性浆膜炎

多因趾蹼被划破感染而发病，跗、趾关节肿胀、热痛，跛行 ——— （鸭关节炎型）葡萄球菌病

腿部关节肿大，骨粗短，腿部弯曲（腱不滑脱） ——— （青年鸭）烟酸缺乏症

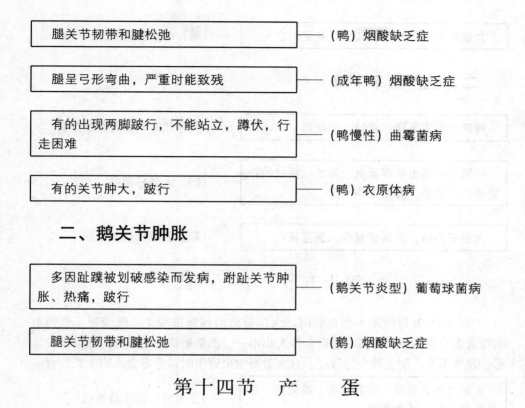

腿关节韧带和腱松弛 —— （鸭）烟酸缺乏症

腿呈弓形弯曲，严重时能致残 —— （成年鸭）烟酸缺乏症

有的出现两脚跛行，不能站立，蹲伏，行走困难 —— （鸭慢性）曲霉菌病

有的关节肿大，跛行 —— （鸭）衣原体病

二、鹅关节肿胀

多因趾蹼被划破感染而发病，跗趾关节肿胀、热痛，跛行 —— （鹅关节炎型）葡萄球菌病

腿关节韧带和腱松弛 —— （鹅）烟酸缺乏症

第十四节　产　蛋

产蛋期的鸭，如感染衣原体病；高峰期产蛋率下降 50％，如患大肠杆菌病产蛋率可下降 40％，孵化率下降 10％。当曲颈棘缘吸虫病大量感染时，不仅产蛋量减少，甚至可引起死亡。

鹅患黄曲霉毒素中毒、大肠杆菌病、曲颈棘缘吸虫病时都能导致产蛋率下降。

一、鸭产蛋率下降

产蛋率下降，高峰期下降达 50％ —— （鸭）衣原体病

产蛋期产蛋率突然下降 40％，孵化率降至 10％ 以下，且多弱雏，成活率较低，部分种鸭出现症状后 3～5 天死亡 —— （鸭）大肠杆菌病

| 大量感染时，产蛋量减少，甚至死亡 | —— （鸭）曲颈棘缘吸虫病 |

二、鹅产蛋率下降

| 种鸭产蛋率下降，蛋轻，体瘦弱 | —— （北京鸭）黄曲霉毒素中毒 |

| 母鹅经常排出带有蛋黄、蛋清、蛋白的排泄物，产蛋率、孵化率均下降 | —— （鹅）大肠杆菌病 |

| 大量感染时，产蛋量减少，甚至死亡 | —— （鹅）曲颈棘缘吸虫病 |

第十五节　生　长

当鸭患有亚急性细小病毒病时，大部分愈后颈尾部脱毛，喙变短。雏鸭黄曲霉毒素中毒后生长停滞，鸭群个体大小不一。而烟酸缺乏的雏鸭，也以生长停滞、发育不全、羽毛稀少为特征。有大量寄生虫寄生时，必定会影响生长发育。

| 大部分病愈后颈、尾部脱毛，喙变短，生长发育受阻，成为僵鸭 | —— （亚急性）细小病毒病 |

| 生长停滞。鸭群个体大小不均 | —— （雏鸭）黄曲霉毒素中毒 |

| 生长停滞、发育不全、羽毛稀少为特征症状，多见于幼雏 | —— （青年鸭）烟酸缺乏症 |

| 生长发育停止 | —— （鸭）细颈棘头虫病 |

| 大量寄生时，生长受阻 | —— （鸭）细背孔吸虫病 |

| 生长受阻 | —— （鸭、鹅）包氏毛毕吸虫病 |

第十六节　病　程

鸭鹅发病后有的病程短，有的病程长，也有的不显症状突然死亡。遇到这种现象，必须通过剖检和实验室诊断确认病情，进而采取恰当的防治措施以扑灭病情。

不显症状即突然死亡	（雏鸭最急性）鸭传染性浆膜炎
发病急，死亡快，病程 1～3 天	（鸭）巴氏杆菌病
发病当天或经 2～3 天死亡，病死率 50% 以上，一般 20%～70%，急性耐过的发病后第 4 天逐渐恢复食欲	（鸭）球虫病
以 5～7 周龄鸭最为严重，病死率可达 50% 以上	（鸭）衣原体病
主要侵害 3～8 周龄雏鸭，多在出现症状后 10～20 天死亡	台湾乌蛇线虫病
逐渐消瘦，死亡	（鸭慢性）曲霉菌病
发病年龄为 6、28 和 73 日龄，发病季节多在 8 月，往往 1～2 天死亡。小鹅感染后 8～10 天全部死亡，耐过者可自然恢复	（鹅）球虫病
常发于 1 周龄的幼雏，呆滞数小时后，即衰弱或双腿乱划，不久即死	（最急性）小鹅瘟
以急性为主，1～2 天死亡	（鹅）巴氏杆菌病

剖检病理变化

如果从临诊症状不能确定病情时，必须将病死鸭鹅进行剖检。有些鸭鹅病的病理变化具有一定的特征性，但有不少的病缺乏特征性变化，而应将各脏器的病理变化进行综合分析。因此，在剖检时必须仔细检验和详细记录，不可忽略某个脏器及部位的病理变化。

第一节　头　　部

头部检查注意冠髯，若头部皮下组织肿胀，应切开皮肤观察所呈现的变化。

头、眼睑、冠髯肿胀，头部皮下组织呈淡黄色	——禽流行性感冒
头部肿胀处及髯皮下有黄色胶样浸润，眶下有干酪样物	——禽衣原体病
严重病例头顶和颈上方出现干酪样物	——滑液支原体感染
眶下窦充满白色黏液或干酪样物。窦黏膜肥厚、充血、水肿，可见小出血点。窦黏膜上皮细胞增厚，黏液腺增生，杯状细胞增多、空泡化。严重时黏膜变性、坏死、脱落。内脏器官无变化，眶下窦一侧或两侧肿大，呈球形或卵圆形，初柔软后变硬，常以爪抓鼻窦部而露出红色皮肤	——（鸭）传染性窦炎

第二节 皮下组织

切开皮肤观察皮下组织的病变，有肿胀的部位水肿或胶冻样浸润、脂肪沉积。同时注意有无出血，如出血斑、瘀血斑及其面积的大小，有无虫体。

一、皮肤出血、角化

| 体表有少量出血点 | ——禽喹乙醇中毒 |

| 皮肤角化过度而肥厚 | ——烟酸缺乏症 |

二、皮下水肿

| 皮下水肿。内脏器官肿大 | ——维生素 B_6 缺乏症 |

| 皮肤广泛水肿 | ——维生素 B_1 缺乏症 |

| 皮下组织水肿 | ——食盐中毒 |

三、皮下组织淡黄色

| 颈部、胸部肿胀，组织呈淡黄色 | ——禽流行性感冒 |

四、皮下有瘀血斑

| 全身明显瘀血 | ——腹水综合征 |

| 皮肤出血，皮下有大小不等的出血斑 | ——磺胺类药物中毒 |

| 颈、腹、股内侧有瘀血斑 | ——(渗出性素质) 维生素 E-硒缺乏症 |

五、皮下有出血

| 全身皮下出血 |——住白细胞虫病

| 皮下毛囊局部或广泛出血 |——淋巴性白血病

| 有的皮下明显瘀血、出血 |——黄曲霉毒素中毒

六、皮下有胶冻样浸润

| 水肿处有黄绿色胶样渗出物或淡黄绿色纤维蛋白凝结物 |——(渗出性素质) 维生素 E-硒缺乏症

七、皮下结节肿胀，内有虫体

| 皮下瘤样肿胀内有乳白色成虫 |——四川乌蛇线虫病

| 未破溃的皮下结节中有成虫寄生且缠成团 |——台湾乌蛇线虫病

第三节 腹 膜

正常的腹膜是有光泽、平滑的薄膜，有些病可引起腹膜炎，严重的有出血和纤维素性渗出物。个别出现腹膜附有尿酸盐结晶或内容物为干酪样的结节。

一、腹膜炎

| 腹膜炎 |——禽白痢

| 引起腹膜炎 |——有轮赖利绦虫病

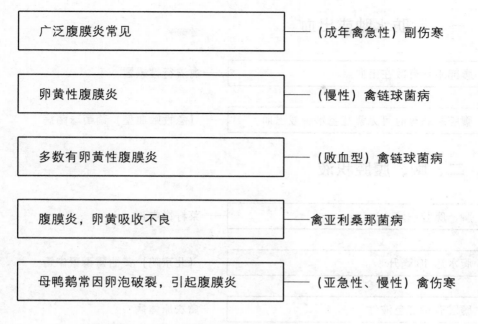

广泛腹膜炎常见	—— （成年禽急性）副伤寒
卵黄性腹膜炎	—— （慢性）禽链球菌病
多数有卵黄性腹膜炎	—— （败血型）禽链球菌病
腹膜炎，卵黄吸收不良	—— 禽亚利桑那菌病
母鸭鹅常因卵泡破裂，引起腹膜炎	—— （亚急性、慢性）禽伤寒

二、腹膜充血，有纤维素性渗出物

| 腹膜充血，有纤维素性渗出物 | —— 禽流行性感冒 |

三、腹膜附有异物

| 严重时腹壁可见结节，切开内容物呈干酪样，无钙化现象 | —— 禽结核病 |

第四节　胸、腹腔

　　正常情况下，鸭鹅的胸腹腔有少量无色浆液，以维持各脏器浆膜表面的湿润度，有利于肠管、子宫角的蠕动。有些病会出现胸水和腹水过多，甚至有纤维素、血液和其他异物。

一、脂肪水肿或出血

腹部脂肪有散在出血点	—— 禽流行性感冒
腹腔脂肪有时可见紫红色水肿或出血	—— （急性败血型）葡萄球菌病

二、胸、腹腔积液

胸、腹腔积液	—— 菜籽饼中毒
腹水达 10 毫升	—— （北京鸭）黄曲霉毒素中毒
腹腔有棕红色液体	—— 禽衣原体病
胸、腹腔有黄色液体	—— 黄曲霉毒素中毒

三、腹腔有血块

腹腔有血水和凝血块	—— 黄曲霉毒素中毒
有的腹腔有大量血样物	—— 禽李氏杆菌病

四、腹腔有纤维素

胸、腹腔有纤维素性或干酪样灰白色渗出物	—— （急性）禽巴氏杆菌病
胸、腹腔有多量浑浊液和纤维蛋白絮片	—— （鸭）衣原体病

五、腹腔有异物

胸、腹腔可能有淡黄色干酪样物	——禽亚利桑那菌病

腹膜表面散布许多石灰样白色脆而易破碎的薄膜或絮状的尿酸盐结晶（称为尿酸痛石）	——家禽痛风

腹腔浆膜也有类似的霉菌结节或霉斑	——禽曲霉菌病

腹腔充满淡黄色腥臭的液体或混有淡黄色卵黄碎片，腹腔脏器表面覆盖着一种淡黄色、凝固的纤维素渗出物。积留在腹腔中的卵黄凝固成硬块，切面呈层状，破裂的卵黄则凝结成大小不等的小块或碎片	——鹅大肠杆菌病（母鹅"蛋子瘟"）

第五节　淋巴组织

禽类的淋巴组织除形成一些淋巴器官外，还在体内的一些器官和组织（胸腺、腔上囊、脾等）内广泛分布。淋巴结多见于鸭、鹅等水禽，有两对。一对颈胸淋巴结，位于颈的基部，紧贴颈静脉，呈纺锤形。一对腰淋巴结，位于腹部主动脉两侧，呈长形。鸭鹅的淋巴器官，有制造淋巴细胞的功能。鸭鹅的淋巴管通常沿血管干延伸，来自体后部及腹腔的淋巴管互相交连形成淋巴管丛，围绕于腹腔动脉的周围。自淋巴管丛起始，有左右两个胸管，向前进入左、右颈静脉，在胸管入颈静脉之前，还接受一部分来自头、颈、翼以及体前部的淋巴管。淋巴组织的萎缩和肿大（肿瘤）虽特见于少数病例，但在剖检时不能忽略。

有 25% 感染禽可查出肿瘤（淋巴肉瘤、淋巴细胞肉瘤、梭状细胞肉瘤）	——网状内皮组织增殖症

> 16 周龄以上的病鸡在许多组织（尤其脾、肝、卵巢、法氏囊多见）可见淋巴瘤。肿瘤表面白或灰白色，弥漫性或局灶性，切开法氏囊可见小结节病灶 —— 淋巴性禽白血病

第六节　法　氏　囊

　　法氏囊又称腔上囊，为禽类所特有，位于泄殖腔的背侧，开口于泄殖道。鸭、鹅的法氏囊为椭圆形，随年龄增长而逐渐增大，性成熟前最大，性成熟后开始退化，仅留小的痕迹，直到完全消失。法氏囊的囊壁由三层构成，外为浆膜，中间为肌层，里层为黏膜，黏膜形成皱褶（鸭、鹅各有两个），突出于囊腔内。法氏囊与体液免疫有关，是产生B淋巴细胞的器官，在剖检时应注意其体积大小和色彩。

一、黏膜呈暗褐色

> 法氏囊黏膜呈暗褐色 —— 黄曲霉毒素中毒

二、萎缩

> 法氏囊严重萎缩，滤泡缩小，滤泡中心淋巴细胞减少或发生坏死。网状细胞发生弥漫性和结节性增生 —— 网状内皮组织增殖症

> 法氏囊萎缩 —— 滑液支原体感染

> 法氏囊很小 —— 鸭传染性浆膜炎

三、肿胀

> 法氏囊肿胀，囊中黏液多且有石灰样物 —— （北京鸭）黄曲霉毒素中毒

第七节　腺　胃

　　腺胃呈纺锤形，前连食管，后通肌胃，位于体正中线左侧，在两肝叶之间，内腔不大，黏膜表面形成许多乳腺头。鸭、鹅腺胃的乳头较小，但数量较多，乳头上有深层腺导管的开口，食物通过腺胃时，与胃液混合后立即进入肌胃。

一、腺胃壁、腺胃增厚

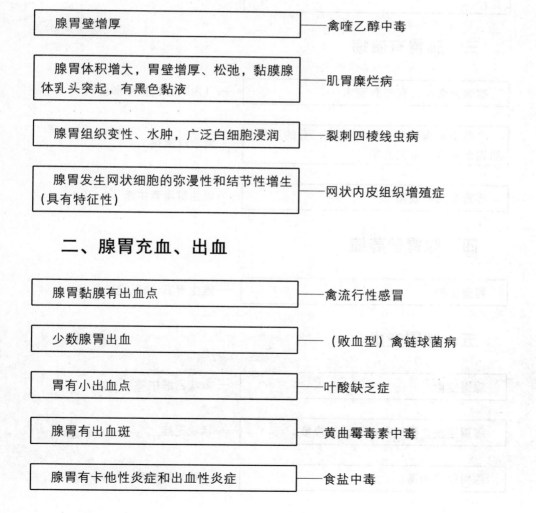

腺胃壁增厚	禽喹乙醇中毒
腺胃体积增大，胃壁增厚、松弛，黏膜腺体乳头突起，有黑色黏液	肌胃糜烂病
腺胃组织变性、水肿，广泛白细胞浸润	裂刺四棱线虫病
腺胃发生网状细胞的弥漫性和结节性增生（具有特征性）	网状内皮组织增殖症

二、腺胃充血、出血

腺胃黏膜有出血点	禽流行性感冒
少数腺胃出血	（败血型）禽链球菌病
胃有小出血点	叶酸缺乏症
腺胃有出血斑	黄曲霉毒素中毒
腺胃有卡他性炎症和出血性炎症	食盐中毒

| 腺胃乳头有一圈血晕 | —— 禽喹乙醇中毒 |

| 腺胃黏膜出血，黏膜脱落 | —— 禽李氏杆菌病 |

| 腺胃可能出血 | —— 磺胺类药物中毒 |

| 幼虫在腺胃移动时造成局部发炎，可引起死亡 | —— 美洲四棱线虫病 |

三、腺胃有溃疡

| 腺胃壁增厚，有些有溃疡 | —— （内肺型）禽弓形虫病 |

| 少数引起胃黏膜出血和溃疡，有的腺胃、肌胃之间有一条出血带 | —— 禽念珠菌病 |

| 腺胃黏膜易脱落 | —— 黄曲霉毒素中毒 |

四、腺胃壁萎缩

| 胃壁萎缩 | —— 维生素 B_1 缺乏症 |

五、腺胃空虚

| 腺胃空虚 | —— 禽喹乙醇中毒 |

| 腺胃空虚，黏膜苍白，黏液较多 | —— 锰缺乏症 |

| 腺胃黏膜脱落 | —— （鸭）球虫病 |

六、鸭鹅病腺胃的病变

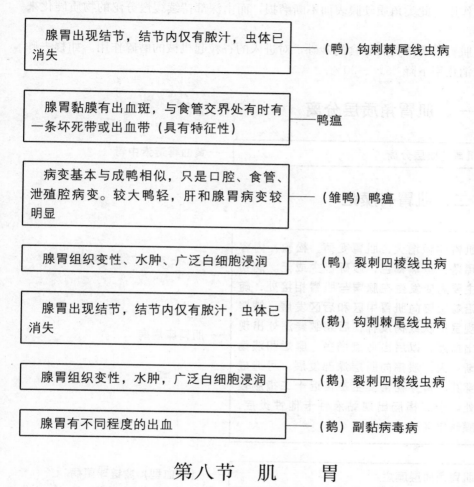

腺胃出现结节，结节内仅有脓汁，虫体已消失 ——（鸭）钩刺棘尾线虫病

腺胃黏膜有出血斑，与食管交界处有时有一条坏死带或出血带（具有特征性）——鸭瘟

病变基本与成鸭相似，只是口腔、食管、泄殖腔病变。较大鸭轻，肝和腺胃病变较明显 ——（雏鸭）鸭瘟

腺胃组织变性、水肿、广泛白细胞浸润 ——（鸭）裂刺四棱线虫病

腺胃出现结节，结节内仅有脓汁，虫体已消失 ——（鹅）钩刺棘尾线虫病

腺胃组织变性，水肿，广泛白细胞浸润 ——（鹅）裂刺四棱线虫病

腺胃有不同程度的出血 ——（鹅）副黏病毒病

第八节 肌 胃

　　肌胃呈椭圆形，质地坚实，紧接于腺胃之后，位于肝两叶之间的后方，它与腺胃的开口，以及与十二指肠相通的口都在前缘，相距很近。

　　肌胃的壁分为四层，最外是外膜，其次为发达的肌层，是由平滑肌环肌层发育而成，外纵肌层在发育过程中已消失。此平滑肌呈暗红色，组成两块坚硬和两块较薄的肌肉。

　　肌层以薄的黏膜下层与黏膜相连接，因无黏膜肌层，所以和黏膜层没有明显的界线。在黏膜层里有肌胃腺，肌胃腺分泌物加上黏膜上皮的分泌物，以及脱落的上皮细胞一起，在酸性环境中硬化而形成一厚的类角质膜，有保护胃黏膜的作用。此类角质硬膜表面不断磨损，而由深部持续缓慢分泌的物质硬化来修补。

肌胃内经常含有吞食的砂砾，对进入的谷粒起机械的磨碎作用。如移去砂砾，消化率下降 25%～30%。

一、肌胃角质层分离

| 肌胃角质层分离 |——黄曲霉毒素中毒

二、肌胃有糜烂

| 肌胃体积增大，肌胃变薄、松软，内容物稀薄，呈黑褐色，砂砾极少或无。病初的主要病变发生在腺胃与肌胃相接处，随后沿着皱襞向肌胃中区和后区发展，皱襞外观呈疣状或树皮样，后期皱襞深处出现小出血点，以后出血点增多，糜烂和溃疡逐渐扩大，溃疡向肌层深部发展，可造成胃穿孔。胃穿孔常发生在接近十二指肠较薄处。十二指肠出现黏液性卡他性炎症，黏膜表皮坏死 |——肌胃糜烂病

| 肌胃角质层糜烂 |——（败血型）禽链球菌病

三、肌胃有出血

| 肌胃角质层下出血 |——禽李氏杆菌病

| 肌胃角质层下可能出血 |——磺胺类药物中毒

肌胃角质膜下层（腺胃和肌胃交界处出血严重）有出血点 —— 禽流行性感冒

肌胃有出血斑 —— 黄曲霉毒素中毒

肌胃角质膜下有数量不等的小出血斑 —— 禽念珠菌病

四、肌胃空虚

肌胃空虚 —— 锰缺乏症

肌胃内无食物 —— 禽伤寒

五、肌胃有结节

病程较长的，肌胃有坏死结节 —— 禽白痢

肌胃肌层有散在的灰白区 —— 禽脑脊髓炎

六、肌胃有水肿和出血

肌胃浆膜有时可见紫红色水肿或出血 —— （急性败血型）葡萄球菌病

七、鸭鹅病肌胃的病变

肌胃黏膜坏死、松弛，多处发生脱落。虫体寄生部位呈暗棕色或黑色 —— 鹅裂口线虫病

| 肌胃角质层下充血、出血（特征） |——鸭瘟 |

| 肌胃内较空虚，肌胃角质膜呈棕黑色或墨绿色，且易脱落，角质膜下常有出血斑或溃疡灶 |——（鹅）副黏病毒病 |

第九节　肠

　　鸭、鹅的小肠由十二指肠、空肠、回肠组成，其中十二指肠起始于肌胃，位于肌胃右侧，袢内夹有胰腺。鸭、鹅的空肠形成较固定的5～6圈肠袢由肠系膜悬挂于腹腔右侧。空肠之后为回肠，回肠较短而直，与空肠无明显界线，以系膜与两盲肠相连。鸭、鹅的大肠包括一对盲肠和一个短管状的直肠。盲肠的入口处为大肠与小肠的分界线，盲肠向前延伸，以系膜连接于回肠两侧。盲肠有消化纤维和吸收的作用，其后通直肠。

　　肠管最后的扩大部为泄殖腔，它是消化系统、泌尿系统和生殖系统的共同通道，呈椭圆形，向后以泄殖孔开口于体外。泄殖腔的前部叫粪道，与直肠相连接，中部叫泄殖道，输尿管、输卵管、输精管均开口于此。泄殖道向后接肛门，其背侧有法氏囊的开口。肛门由背侧唇和腹侧唇所围成。

　　很多疾病都能引起肠道病变，轻则发炎充血，重则出血、溃疡，发生结节甚至肿瘤，还可看到某些寄生虫，肠壁有的增厚或变薄，有的肠管空虚，有的有不同颜色的液体，剖检时注意其病变。

一、肠有炎症、充血

| 肠炎 |——禽衣原体病 |

| 有的有肠炎变化 |——（急性败血型）葡萄球菌病 |

| 肠道卡他性炎 |——（亚急性、慢性）禽伤寒 |

胃肠炎	—— 菜籽饼中毒
肠充血	—— 肉禽腹水综合征
小肠充血、黏膜脱落，大肠充血	—— 黄曲霉毒素中毒
十二指肠黏膜明显充血	—— 禽亚利桑那菌病

二、肠有出血

十二指肠出血点	—— 禽流行性感冒
十二指肠充血、出血	—— 黄曲霉毒素中毒
小肠有卡他性炎症和出血性炎症	—— 食盐中毒
肠黏膜出血	—— 叶酸缺乏症
肠道有弥漫性出血斑	—— 磺胺类药物中毒
肠黏膜不同程度充血、出血。十二指肠有严重出血斑	—— 禽喹乙醇中毒
胃肠道看到出血的紫色斑点。有的肠道出血严重	—— 维生素 K 缺乏症
常见十二指肠出血性肠炎	—— （幼龄禽）副伤寒
肠黏膜充血、出血，肠内容物含有黏液和血液	—— （肠炎型）大肠杆菌病

肠黏膜出血，黏膜脱落 —— 禽李氏杆菌病

三、肠有出血和坏死

出血性和坏死性肠炎 —— （成年禽急性）副伤寒

肠浆膜有纤维素性或干酪样灰白色渗出物，肠黏膜充血，有出血灶，十二指肠黏膜肿胀，弥漫性出血，上覆黄色纤维素，肠内容物含血 —— （急性）禽巴氏杆菌病

剖开尸体即有腐臭气。小肠（尤其是中后段）肠腔扩张、胀气，比正常大 2～3 倍，肠壁增厚，肠道表面呈污黑色或污黑绿色，肠壁充血，可见出血点，黏膜坏死且呈大小不等的麸皮样坏死灶，有的有假膜易剥离，肠内容为血样或黑绿色有泡沫的液体 —— 坏死性肠炎

四、肠有溃疡

肠道溃疡（具有特征性） —— 禽伤寒

肠道坏死、溃疡 —— （成年禽慢性）副伤寒

五、肠壁增厚、肿胀

胃肠黏膜萎缩，肠壁增厚而易碎，上有豆渣样覆盖物 —— 烟酸缺乏症

六、肠壁萎缩

胃肠黏膜萎缩，肠壁变薄，肠内充满泡沫状内容物 —— 维生素 B_2 缺乏症

肠壁萎缩，十二指肠黏膜下层却扩张 —— 维生素 B_1 缺乏症

七、肠有结节、肿瘤

小肠有结节，明显增厚 —— （内脏型）禽弓形虫病

肠道有粟粒、豌豆大小的结节突出于浆膜、肠系膜而形成"珍珠病" —— 禽结核病

病程较长的，盲肠有坏死结节，有干酪样物，有时混有血液。大肠有坏死结节 —— 禽白痢

十二指肠产生肉芽肿，逐渐发展成结节，直至大块组织坏死 —— 大肠杆菌病

八、肠管空虚

肠内无食物 —— 禽伤寒

肠空虚，黏膜发白，黏液较多 —— 锰缺乏症

整个消化道除肌胃有少量砂砾和食物外，其他部位不见食物和粪便，回肠有少量出血点 —— 禽喹乙醇中毒

九、肠内有虫体

幼虫钻进肠黏膜时，黏膜出血发炎，如有感染形成化脓灶和结节，肠道可见到成虫，虫体过多阻塞肠道和导致肠破裂（引起肠炎） —— 蛔虫病

肠道内有绦虫 —— 舌形绦虫病

卡他性肠炎，肠弛缓和肠膨胀（小肠上段明显），肠内容物呈水样，全肠含有过量的黏液和气体，肠腺内有大量的六鞭原虫 —— 六鞭原虫病

剖检可见出血性肠炎，在肠黏膜附有大量虫体，引起黏膜损伤和出血 —— 卷棘口吸虫病

小肠黏膜表面有突出的黄白色小结节，肠壁上有大肠虫体，固着部位有不同程度的损伤，吻突穿透肠壁即发生腹膜炎 —— 大多形棘头虫病

十、肠内有尿酸盐结晶、异样黑色液体

肠表面散布许多石灰样白色脆而易破碎的薄膜或絮状尿酸盐结晶（称为尿酸痛石） —— 家禽痛风

十一、肠系膜异常

肠系膜有炎症，肠环间粘连，肠浆膜上有针尖大小出血点 —— 鹅大肠杆菌病（母鹅"蛋子瘟"）

十二、鸭肠有炎症

以感染菲莱氏温杨球虫为例,病变部位从卵黄蒂段到回肠,且限于绒毛顶端,多有卡他性炎 —— (鸭)球虫病

病程短,肠道有卡他性炎 —— (雏鸭)伤寒

有的有肠炎病变 —— (鸭)衣原体病

十三、鸭肠出血、坏死

整个肠黏膜充血、出血,以十二指肠和直肠最严重,肠内充满灰褐色或灰绿色内容物。小肠有4个深红色定位环状带,从膜表面即可见到,切开此处稍向上突,黏膜充血、出血,并有灰黄色坏死点(具有特征性),泄殖腔水肿、充血、出血、坏死 —— 鸭瘟

以感染毁灭泰泽球虫为例,小肠肿胀出血,十二指肠有出血点或出血斑(卵黄蒂前3~24厘米,后7~9厘米尤明显),有的红白相间呈片状出血。有的覆有糠麸样或奶酪样黏液,肠内容物为淡红或鲜红的黏液或胶冻样,但不形成肠芯 —— (鸭)球虫病

可引起小肠充血、出血,后1/3处严重溃疡,黏膜上皮明显脱落,甚至有很多部位绒毛全部脱落,许多吸虫吸附在肠壁上,致使该处伴发溃疡,溃疡向深处延伸,直至肌层 —— (鸭)球形球盘吸虫病

肠道充血、出血，尤以小肠前段最严重，肠内容物呈污红色 —— （鸭）巴氏杆菌病

肠黏膜有不同程度充血、出血，尤以十二指肠和直肠为甚。泄殖腔扩张外翻 —— （亚急性）雏番鸭细小病毒病

十二指肠充血、出血，有卡他性肠炎 —— （鸭）肉毒梭菌毒素中毒

肠壁增厚，黏膜严重充血、出血，尤以小肠明显 —— （鸭）伪结核病

十四、鸭肠壁有虫体

肠壁有小结节。严重时肝、肾、胰、肠壁均能发现虫体和虫卵 —— （鸭）包氏毛毕吸虫病

有虫体寄生的小肠部位，肠上皮发生脱落，可见许多出血区，在凝血块中包有虫体 —— （鸭）优美异幻吸虫病

小肠黏膜表面有突出的黄白色小结节，肠壁上有大量虫体，固着部位有不同程度的损伤。吻突穿透肠壁即发生腹膜炎 —— （鸭）大多形棘头虫病

肠道有斑驳状病变（具有特征性），并有红色区，成虫寄生部位肠黏膜绒毛脱落，虫体寄生在肠腺窝的深部，并钻入黏膜固有层中 —— （鸭）凹形隐穴吸虫病

小肠浆膜上可见豌豆大结节，小肠黏膜肿胀、充血、溢血，小肠壁布满虫体，有的穿透肠壁，引起腹膜炎 —— （鸭）细颈棘头虫病

十五、鹅肠充血、坏死、有虫体

肠道黏膜有不同程度的出血，空肠、回肠常见有散在的青豆大的淡黄色隆起的痂块，剥离痂块见溃疡 —— （鹅）副黏病毒病

消化器官以充血、出血和假膜坏死性病变为特征。肝以充血、出血和坏死为典型症状 —— （鹅）鸭瘟

肠道充血、出血，尤以小肠前段最严重，肠内容物呈污红色 —— （鹅）巴氏杆菌病

在虫体寄生的小肠上皮发生脱落，可见许多出血区，在凝血块中包有虫体 —— （鹅）优美异幻吸虫病

肠壁有小结节，严重时肝、肾、胰、肠壁均能发现虫体和虫卵 —— （鹅）包氏毛毕吸虫病

小肠黏膜表面有突出的黄白色小结节，肠壁上有大量虫体，固着部位有不同程度的损伤，吻突穿透肠壁即发生腹膜炎 —— （鹅）大多形棘头虫病

回肠和直肠黏膜明显脱落，并形成一条坚实的灰白色肠芯。大部分肠绒毛上皮细胞坏死或绒毛结构仍依稀可见，固有层有大量浆性液渗出 —— （鹅）球虫病

肠道有斑驳状病变（特征），并有红色区，成虫寄生部位肠黏膜绒毛脱落，虫体寄生在肠窝的深部，并钻入黏膜固有层中 —— （鹅）凹形隐穴吸虫病

第十节 盲 肠

在结肠有两个平行的孔，通向左右两段等长的盲肠，有些病在盲肠显示特有的病变（肠芯）。

一、盲肠有肠芯（栓子）

盲肠有肠芯 —— （幼龄禽）副伤寒

感染后 8 天，盲肠壁增厚、充血，浆液性、出血性渗出物充满盲肠并干酪化形成肠芯。肠壁扩张并有溃疡，甚至穿孔引起腹膜炎 —— 组织滴虫病

盲肠内有干酪样物 —— 禽亚利桑那菌病

盲肠黏膜出血 —— （鹅）副黏病毒病

二、盲肠出血

盲肠内可能有血液 —— 磺胺类药物中毒

盲肠充血、出血 —— 黄曲霉毒素中毒

盲肠肿大出血，有少量隆起的小痂块 —— （鹅）副黏病毒病

三、盲肠有坏死、溃疡

盲肠黏膜有粟粒大突起，中央凹陷并有灰白色或干酪样坏死物的溃疡灶。有的出现边缘不整的溃疡，表面附有坏死片状物，溃疡边缘有时见出血。其他脏器无明显变化 —— 溃疡性肠炎

盲肠产生肉芽肿，逐渐发展成结节，直至 ———— 大肠杆菌病
大块组织坏死

四、盲肠有虫体

盲肠变性，并可见到虫体 ———— 鸟类圆线虫病

五、鹅盲肠有虫体

大量寄生时，引起盲肠、直肠黏膜损害和 ———— （鹅）细背孔吸虫病
炎症，并可见童虫

六、鸭盲肠有肠芯、虫体、充血、出血

盲肠有干酪样肠芯 ———— （雏鸭）副伤寒

大量寄生时引起盲肠、直肠黏膜损害和炎 ———— （鸭）细背孔吸虫病
症，并可见童虫

盲肠充血、出血 ———— （雏鸭）黄曲霉毒素中毒

第十一节 胰

鸭鹅的胰位于十二指肠肠祥内，呈淡黄或淡红色，有 3 条导管，开口于十二指肠。有些疾病可使胰发生一些病理变化。

一、胰增大、有白色病灶

胰增大 ———— 菜籽饼中毒

| 胰肿大，表面有针尖大灰白色病灶、散在性坏死 | —— 雏番鸭细小病毒病 |

| 胰有小白点 | —— （北京鸭）黄曲霉毒素中毒 |

二、胰有结节增生、肿瘤

| 胰发生网状细胞的弥漫性和结节性增生（特征） | —— 网状内皮组织增殖症 |

| 胰成髓细胞的弥漫性或结节性增生 | —— 淋巴性白血病 |

| 胰变性、色淡、呈粉红、淡红色，腺体萎缩，有坚实感，严重则腺泡坏死、纤维化 | —— (肌营养不良) 维生素 E-硒缺乏症 |

第十二节　肝

　　禽的肝较大，位于腹腔前下部，分左右两大叶，两叶背侧相连，凸面向着胸骨和腹腔底壁。鸭肝右叶比左叶大一倍，右叶有一个长圆形胆囊。成年禽的肝一般呈暗褐色，初孵出的雏禽因吸收卵黄色素而呈黄白色，两周后转为褐色。肝两叶各有一个肝门，右叶胆管与胆囊相连接，胆囊由胆管通十二指肠，左叶胆管直接将肝分泌的胆汁送入十二指肠。鸭、鹅的肝能贮存大量脂肪，用填饲法可使肝增加到原来重量的几倍甚至十几倍。当有些疾病发生后，肝常因各种疾病的侵害而产生不同的病理变化。

一、肝肿大及肝周炎

| 肝肿大 | —— （成年禽慢性）副伤寒 |

| 肝肿大 | —— 禽疟原虫病 |

肝肿大	滑液支原体感染
肝肿大充血	（成年禽急性）副伤寒
肝体积增大	（慢性）一氧化碳中毒
肝周炎，变性或梗死	（慢性）禽链球菌病
肝肿大呈绿色。有肝周炎	禽衣原体病
纤维素肝周炎，肝肿大，表面有纤维素性渗出物，甚至被纤维素包围	（急性败血型）大肠杆菌病
有继发感染时常见肝周炎	禽肺病毒感染

二、肝肿大、呈土黄色或淡黄色

肝肿大，呈土黄色，有的有出血斑纹，病程长的肝细胞增生，可发现肝细胞癌、胆管癌	黄曲霉毒素中毒
肝肿大，呈土黄或灰黄色，硬而脆，切面有槟榔样花纹	(肌营养不良）维生素E-硒缺乏症
肝肿大（重者可肿大2~3倍）发炎，有淡黄色斑点，并有出血点	禽亚利桑那菌病
肝肿大，颜色淡黄且不均匀，有点状坏死	（鸭）球虫病

三、肝肿大、呈灰白色

肝肿大，呈奶油样白色外观，并伴有出血斑 —— 禽伤寒

肝肿大几倍，质脆呈灰白色 —— 淋巴性禽白血病

四、肝肿大、呈红色或紫色

肝肿大发红 —— 禽伤寒

肝肿大、瘀血、呈暗紫色，有出血点和坏死点，有时发生肝周炎 ——（败血型）禽链球菌病

肝稍肿大，边钝圆，瘀血，呈淡红褐色，有针尖大出血点，有少量针尖大的星状坏死灶，偶见血肿，甚至破裂（附有凝血块），腹腔有血水。镜检可见肝细胞排列紊乱，隙状窦可见到细菌集落（用免疫过氧化物酶染色，菌体呈棕褐色） ——（急性）禽弯曲杆菌性肝炎

感染后第 10 天，肝肿大呈紫褐色，表面呈现黄色或黄绿色局限性圆形的豆大或指头大下陷病灶，常围绕着一个同心圆的边界而稍隆起 —— 组织滴虫病

肝肿大，色暗、质脆、切面多血 —— 禽喹乙醇中毒

早期突死的雏，肝肿大、充血，有条纹充血，在败血型禽白痢还有其他脏器充血 —— 禽白痢

五、肝肿大、有不同色泽、有坏死灶

肝肿大（2～3倍），且有散在的出血点，变硬，色淡黄。有的肝呈橘黄色，表面有较多白色坏死结节，大的可达12毫米，结节内为干酪样物 —— 黄曲霉毒素中毒

肝肿大，呈土黄色，有紫色瘀血斑和白色坏死灶，质脆易碎 —— 禽李氏杆菌病

肝肿大，呈黄棕色，质脆，有灰白坏死点和出血点。表面有纤维素，部分肝破裂出血 —— 禽衣原体病

肝肿大质脆，呈棕红色、棕黄色或紫红色，表面有针尖或米粒大灰白或灰黄色坏死灶，有时可见点状出血（特征）—— （急性）禽巴氏杆菌病

肝不同程度肿大，严重的肿大2～3倍，呈黄红或黄褐色，质脆，表面有针尖大、米粒大、黄豆大的灰黄色或灰白色边缘不整的病灶。镜检可见肝细胞排列紊乱，呈颗粒变性、轻度脂肪变性和空泡变性，小叶内有坏死灶 —— （亚急性）禽弯曲杆菌性肝炎

肝的病变初在表面，而后扩展到肝实质呈现为硬质的、白色至黄色的圆形或环形病灶 —— 毛滴虫病

肝肿大，瘀血，有黄色小坏死灶 —— 禽流行性感冒

肝肿大，呈棕绿色或古铜色，有粟粒大灰白色坏死灶 —— （亚急性、慢性）禽伤寒

肝肿大，有时可见分散实变（凝固坏死），有的呈坏死性肝炎 —— （内脏型）禽弓形虫病

肝肿大，呈灰黄或黄褐色，质坚，有大小不等的结节，大结节有豆大或鸽卵大 —— 禽结核病

肝肿大，呈紫红色或黄褐色，表面有出血点或出血斑 —— 磺胺类药物中毒

肝肿大，呈紫红色或微紫红色，表面附有灰白或淡黄胶冻样物。有的肝萎缩变硬、表面凹凸不平 —— （肉禽）腹水综合征

肝肿大，呈淡紫红色，有花纹斑样，有数量不等的坏死灶 —— （急性败血型）葡萄球菌病

六、肝不肿大、有坏死灶

肝表面有针尖大的灰白或灰色坏死灶（有时看不到） —— （最急性）禽巴氏杆菌病

肝表面和实质有硬质的白色至黄色的圆形或环状病灶 —— 毛滴虫病

肝有大小不一的出血灶和肝细胞坏死灶，坏死灶周围有异染性细胞和淋巴细胞浸润 —— 病毒性关节炎

肝稍小，边缘尖锐，质脆或硬化，星状黄白色或灰黄色坏死灶相连，呈网络状。切面布满坏死灶 —— （慢性）禽弯曲杆菌性肝炎

病程较长的，肝有坏死结节，还有点状出血 —— 禽白痢

肝呈黄白色，有结节状坏死 —— 黄曲霉毒素中毒

肝充血，有出血条纹和点状坏死 —— 禽副伤寒

肝瘀血，有的变性坏死 —— 坏死性肠炎

七、肝有结节、肿瘤

肝有灰白或稍黄呈针尖至粟粒大的结节 —— 住白细胞虫病

肝发生网状细胞的弥漫性和结节性增生（特征） —— 网状内皮组织增殖症

八、肝呈樱桃红色

肝常呈樱桃红色 —— 成红细胞白血病

肝呈樱桃红色，质脆，切面多汁 —— 禽喹乙醇中毒

九、肝有出血

| 肝有出血 | —— （脐型）葡萄球菌病 |

| 肝有不同程度瘀血，并有出血点和出血斑 | ——食盐中毒 |

下述疾病也有肝出血现象：

禽弯曲杆菌性肝炎　　肝肿大呈淡红褐色，有针尖大出血点
败血型链球菌病　　　肝肿大瘀血，有出血点和坏死灶
禽衣原体病　　　　　肝肿大呈棕黄色，有出血点
急性禽巴氏杆菌病　　肝肿大呈棕红色或棕黄色，有时可见出血点
磺胺类药物中毒　　　肝肿大呈紫红色或黄褐色，表面有出血点或出血斑
病毒性肝炎　　　　　肝有大小不等的出血点

十、肝表面有尿酸盐沉积

| 肝表面散布许多石灰样白色脆而易破碎的薄膜或絮状尿酸盐结晶（称为尿酸痛石） | ——家禽痛风 |

| 肝表面有尿酸盐沉积 | ——维生素 A 缺乏症 |

十一、其他病变

| 肝贫血 | ——叶酸缺乏症 |

| 肝有红木色或古铜色条纹 | ——禽伤寒 |

| 肝变色，有蜡样色素沉积 | ——菜籽饼中毒 |

| 肝萎缩，并有脂肪变性 | ——烟酸缺乏症 |

一些疾病肝颜色的变化如下：

淋巴性禽白血病	肝肿大呈灰白色
住白细胞虫病	肝肿大呈黄白色
禽亚利桑那菌病	肝肿大呈淡黄色
黄曲霉毒素中毒	肝肿大呈淡黄色，质硬
维生素 E-硒缺乏症	肝肿大呈土黄色或灰黄色
禽结核病	肝肿大呈灰黄色或黄褐色
亚急性、慢性禽伤寒	肝肿大呈棕绿色或古铜色
禽弯曲杆菌性肝炎	肝肿大呈黄褐色或发红
急性败血型葡萄球菌病	肝肿大呈淡紫红色，有花纹斑
磺胺类药物中毒	肝肿大呈紫红色或黄褐色
急性禽巴氏杆菌病	肝肿大呈棕红色、棕黄色或紫红色
急性禽弯曲杆菌性肝炎	肝肿大，瘀血呈淡红褐色
组织滴虫病	肝肿大呈紫褐色
禽喹乙醇中毒	肝肿大，色暗，质脆

十二、鸭鹅病肝的病变

肝呈灰棕（绿）色。成年鸭肝坚韧，表面凹凸不平，凸处灰褐，凹处灰白。种鸭肝表面附着不能刮脱的毛状物，肝坚韧，凹凸不平，凸起大小不同，呈棕黄色或棕灰色结节，凹处呈灰白色带白色光泽的结节（小米至小指大）。成鸭肝癌，形成间质细胞肉瘤 —— （北京鸭）黄曲霉毒素中毒

肝肿大呈黄白色，有出血。胆管增生和肝的坏死比其他家养鸭鹅明显 —— （雏鸭）黄曲霉毒素中毒

肝轻度肿大，瘀血，少数有散在坏死灶 —— （鹅）副黏病毒病

肝肿大、质脆，色暗淡或发黄，表面有大小不等的出血斑点。肝细胞弥漫性变性和坏死，肝细胞间有大量红细胞，小叶静脉和窦隙充满红细胞 —— （鸭）病毒性肝炎

肝质较脆易破裂，呈棕黄色，表面有大小不等的灰黄或灰白色坏死灶，少数坏死灶中有出血点或其周围有出血带（壁面下缘常见） —— 鸭瘟

肝土黄色 —— （鸭）肉毒梭菌毒素中毒

肝肿大呈古铜色，表面有灰白色坏死点 —— （雏鸭）副伤寒

肝肿大呈橙红色，质较脆，表面一层灰白色或灰黄色纤维素膜，极易剥离 —— 鸭传染性浆膜炎

肝肿大，色深，有许多针尖大灰白点 —— （鸭）衣原体病

肝有小出血点，有粟粒大黄白色坏死灶或乳白色结节，肝组织严重破坏，呈分散的岛屿状，网状细胞弥漫性增生，小叶间胆管大量增生，淋巴细胞浸润，并与增生的网状细胞连接成片 —— （鸭）伪结核病

肝稍肿大，肝小叶间细胞局灶性脂肪变性 —— 雏番鸭细小病毒病

主要是中毒性肝炎和肝硬化 —— （樱桃谷鸭）黄曲霉毒素中毒

肝肿大，脂肪变性，有针尖大的出血点和坏死灶 —— （鸭）巴氏杆菌病

肝肿大，脂肪变性，有针尖大出血点和坏死灶 —— （鹅）巴氏杆菌病

第十三节 胆 囊

有些病鸭鹅的胆囊肿大、扩张，有的甚至扩大 1～5 倍，胆汁有的充满、浓稠，胆囊壁增厚或有溃疡。

一、胆囊扩张、增大

胆囊增大 —— 菜籽饼中毒

胆囊扩张，充满浓稠胆汁 —— （亚急性、慢性）禽伤寒

二、胆汁充盈

胆囊肿大，充满浓稠胆汁，黏膜坏死 —— 禽弯曲杆菌性肝炎

三、胆囊壁增厚

胆囊肿大，壁增增厚 —— （雏鸭）黄曲霉毒素中毒

胆囊肿大，囊壁增厚，胆汁变质或消失 —— 东方次睾吸虫病

四、胆汁浸润肝面和肠系膜

胆囊充满深绿胆汁，肝面、肠系膜均被胆汁浸润 —— 禽喹乙醇中毒

五、胆囊肿大、溃疡、充满胆汁

胆囊肿大
—— 鸭传染性浆膜炎

胆囊肿胀成圆形，充满褐色、淡茶色或绿色胆汁
—— （鸭）病毒性肝炎

胆囊肿大，充满胆汁
—— （鸭）伪结核病

胆囊充盈
—— 雏番鸭细小病毒病

胆囊肿大，充满黏稠胆汁，黏膜充血或有小溃疡灶
—— 鸭瘟

胆囊充盈
—— （鹅）副黏病毒病

第十四节　肾

　　禽的肾占体重 1% 以上，位于腰荐骨两旁和髂骨的肾窝内，呈红褐色，质软而脆，可分前、中、后三叶，肾没有肾门，肾的血管和输尿管直接从表面进出，肾实质由许多肾叶构成，但区分不明显，也可分为髓质和皮质，肾叶分布有深有浅，在整个肾的切面上并不形成分界。肾小管可分为泌尿部和排尿部两段，两段是相互连续的。泌尿部包括肾小体、近曲小管、髓襻和远曲小管；排尿部为集合管各段。禽肾无肾盂，左右两侧输尿管起始于收集管，从肾中部出，沿肾后行，开口于泄殖腔。有些病能使肾发生炎症、出血、坏死。

一、肾肿大、有炎症

肾肿大
—— （成年禽慢性）副伤寒

肾肿大	—— 滑液支原体感染
肾肿大，有炎症	—— 禽李氏杆菌病
肾肿大	—— （败血型）禽链球菌病
肾充血、肿大	—— （成年禽急性）副伤寒
肾肿大、充血、质脆	—— 禽喹乙醇中毒
肾充血	—— （幼龄禽）副伤寒
肾充血	—— 禽亚利桑那菌病
肾炎	—— 住肉孢子虫病

二、肾有坏死灶

肾有黄色小坏死灶	—— 禽流行性感冒
肾有灰白或稍黄呈针尖至粟粒大的结节	—— 住白细胞虫病
肾充血肿胀，实质有出血点和灰色斑状灶	—— (肌营养不良) 维生素E-硒缺乏症

三、肾肿大、苍白

| 肾肿大，苍白 | —— 黄曲霉毒素中毒 |
| 肾肿大，呈黄褐色或苍白色，膜性肾小管炎 | —— 禽弯曲杆菌性肝炎 |

四、肾肿大、黄色

肾肿大，土黄色，表面有紫红色出血斑。输尿管充满尿酸盐，肾盂、肾小管中常见磺胺结晶 —— 磺胺类药物中毒

五、肾红色

肾常呈樱桃红色 —— 成红细胞白血病

肾肿大发红 —— 禽伤寒

六、肾有尿酸盐沉积

肾呈灰白色，肾小管、输尿管充塞白色尿酸盐沉积 —— 维生素 A 缺乏症

肾表面散布许多石灰样白色脆而易碎的薄膜或絮状尿酸盐结晶（称为尿酸痛石） —— 家禽痛风

肾和输尿管有尿酸盐沉着 —— 食盐中毒

肾充血肿大，有尿酸盐沉着 ——（肉禽）腹水综合征

内脏有尿酸盐沉积（内脏型痛风） ——（低毒力）禽流行性感冒

七、鸭鹅病肾的病变

严重时，肾可见结节，切开内容物呈干酪样，无钙化现象	—— 禽结核病
输尿管有黄白色物质沉着	—— 禽喹乙醇中毒
肾贫血	—— 叶酸缺乏症
肾上腺肥大	—— 维生素 B_1 缺乏症

八、鸭肾的病变

肾肿胀，灰红色，血管明显呈暗紫色树枝状	—— （鸭）病毒性肝炎
肾瘀血，偶有出血点	—— 鸭瘟
肾稍肿大，肾小管上皮细胞变性，腔内红染	—— 雏番鸭细小病毒病
肾有小出血点，有粟粒大黄白色坏死灶或乳白色结节	—— （鸭）伪结核病
肾苍白	—— （雏鸭）副伤寒

第十五节　脾

鸭鹅的脾为扁卵圆形，位于腺胃和肌胃交界处背面的右侧，当有些疾病发生时，脾会出现肿大、充血、出血、结节、坏死，甚至出现梗死、肿瘤等病理变化。

一、脾肿大、充血

| 脾肿大 | ——滑液支原体感染 |

| 脾体积增大 | ——（慢性）一氧化碳中毒 |

| 脾稍肿大 | ——（亚急性）雏番鸭细小病毒病 |

| 脾肿大充血 | ——（成年禽急性）副伤寒 |

| 脾肿大，充血，质脆 | ——禽喹乙醇中毒 |

二、脾瘀血、出血

| 脾瘀血 | ——坏死性肠炎 |

| 脾肿大呈黑红色 | ——禽李氏杆菌病 |

三、脾肿大、有结节或肿瘤

| 脾肿大 2～3 倍，表面凹凸不平，有蚕豆大灰色结节，脾实质萎缩 | ——禽结核病 |

| 脾肿胀，有出血梗死和灰色结节区 | ——磺胺类药物中毒 |

| 脾有灰白色或稍黄的呈针尖至粟粒大的结节 | ——住白细胞虫病 |

脾发生网状细胞的弥漫性和结节性增生（特征） —— 网状内皮组织增殖症

脾肿大 3～4 倍，血凝不全，有小如针尖至大如鸡蛋的肿瘤 —— 淋巴性禽白血病

四、脾有梗死、坏死

脾发生炎症、变性或梗死 —— （慢性）禽链球菌病

脾发生血栓、梗死或破裂。常呈樱桃红色 —— 成红细胞白血病

脾有坏死灶 —— （内脏型）禽弓形虫病

脾肿大，有局灶性坏死，表面有斑纹状 —— 禽喹乙醇中毒

脾肿大，有黄白色坏死灶，呈斑驳外观 —— 禽弯曲杆菌性肝炎

脾有黄色小坏死灶 —— 禽流行性感冒

脾肿大，呈紫红色，病久有白色坏死灶 —— （急性败血型）葡萄球菌病

脾肿大呈圆球状，有的出血和坏死 —— （败血型）禽链球菌病

五、脾表面有尿酸盐结晶

脾表面散布许多石灰样白色脆而易破碎的薄膜或絮状的尿酸盐结晶（称为尿酸痛石） —— 家禽痛风

| 脾表面也有尿酸盐沉积 | —— 维生素 A 缺乏症 |

六、其他病变

| 脾肿大，脾的微血管布满淋巴细胞和感染有虫体的红细胞 | —— 禽疟原虫病 |

| 脾贫血 | —— 叶酸缺乏症 |

七、鸭鹅病脾的病变

| 脾肿大 | —— （鸭）衣原体病 |

| 脾呈斑驳状 | —— （鸭）病毒性肝炎 |

| 因病程短，脾稍肿大 | —— （雏鸭）伤寒 |

| 脾肿大呈暗褐色，表面有灰白色坏死灶 | —— 鸭瘟 |

| 脾有小出血点，有粟粒大黄白色坏死灶或乳白色结节 | —— （鸭）伪结核病 |

| 脾轻度肿大，有芝麻粒大的坏死灶 | —— （鹅）副黏病毒病 |

| 脾表面有纤维素膜 | —— 鸭传染性浆膜炎 |

| 脾呈灰棕色，断面白髓明显 | —— （北京鸭）黄曲霉毒素中毒 |

第十六节 卵巢、输卵管

幼禽卵巢为扁平椭圆形，表面呈颗粒状，卵泡很小，呈灰白色或白色，随年龄的增长和性活动，卵泡不断发育生长，并储积大量卵黄，逐渐突出于卵巢表面，直至仅以细柄相连，因而成年禽的卵很像一串葡萄。较大的成熟卵泡在产卵期常有4～5个。产卵期停止时卵巢萎缩，直到下次产卵期卵泡又开始生长。禽左侧输卵管发育完全，是一条长而弯曲的管道，沿左侧体壁向后行，后端开口于泄殖腔中，幼鸭鹅时细而直，成禽产卵时显著增大，有扩张性。当有些疾病发生时卵巢会发生变形和结节、肿瘤等，输卵管也会发生炎症、坏死、萎缩。

一、卵巢萎缩、变形

卵巢萎缩	—— 维生素 B₁ 缺乏症

卵巢萎缩，输卵管充血或出血，卵泡变形，卵黄变稀且易破裂，有时腹腔有大量卵黄，输卵管内有浆液性、黏性或干酪样物	—— 禽流行性感冒

卵巢、卵泡发育停止，甚至萎缩变形	—— 禽弯曲杆菌性肝炎

卵巢出血、变形、变色	—— （亚急性、慢性）禽伤寒

卵巢病变不如鸭鹅白痢那样常见	—— （成年禽慢性）副伤寒

二、卵泡破裂

腹腔有大量蛋黄，有腥臭气味，卵巢中卵泡变形、变色。广泛性腹膜炎。肠道与脏器相互粘连	—— （卵黄性腹膜炎）大肠杆菌病

三、卵巢有结节、肿瘤

严重时，卵巢可见结节，切开内容物呈干酪样，无钙化现象 —— 禽结核病

性腺发生网状细胞的弥漫性和结节性增生（特征）—— 网状内皮组织增殖症

四、卵黄囊病变

卵泡膜充血，卵泡变形，局部或全部卵泡呈红褐色或黑褐色，有的卵泡变硬，有的卵黄变稀，有的卵泡破裂，输卵管黏膜有出血斑和黄色絮状块或干酪样物。有的卵泡囊肿 —— （生殖器官病）大肠杆菌病

五、卵黄吸收不良

病程稍长，卵黄凝固 —— （幼龄禽）副伤寒

六、输卵管有炎症

输卵管炎 —— （慢性）禽链球菌病

七、输卵管出血、坏死

输卵管充血、出血或内有大量分泌物。产畸形蛋或带菌蛋 —— （输卵管炎）大肠杆菌病

输卵管发生坏死性、增生性病变，卵巢发生化脓性、坏死性病变（特征） —— （成年禽急性）副伤寒

八、其他病变

输卵管、泄殖腔、腔上囊、直肠可见寄生的虫体 —— 楔形前殖吸虫病

九、鸭鹅病卵巢、输卵管的病变

卵巢、输卵管充血、出血 —— 鸭瘟

输卵管黏膜发炎，有出血点和淡黄色纤维素性渗出物，管腔中也含有发臭的凝固蛋白或黄白色纤维素凝片 —— 鹅大肠杆菌病（母鹅"蛋子瘟"）

卵巢、卵泡膜增厚，色紫红或黄绿，泡内容物呈脂状或干酪样 —— （北京鸭）黄曲霉毒素中毒

卵黄、卵巢有病变 —— （成年鸭）伤寒

输卵管膨大，内有干酪样物 —— 鸭传染性浆膜炎

死鸭泄殖腔常滞留1～2个硬壳或软壳蛋，输卵管有出血斑点，并附有多量淡黄色或黄色纤维素块，卵泡变形、变色 —— （鸭）大肠杆菌病

卵泡变形、变性 —— （鹅）大肠杆菌病

第十七节　睾　丸

禽有两个睾丸，左侧的比右侧的稍大，位于体腔肾前部腹侧，呈豆状。睾丸的大小、重量和色泽因品种、年龄、性活动的时期不同而有较大变化，成年禽在生殖季节有鸽卵大，白色。附睾小，呈纺锤形，由睾丸输出管构成，很短，紧贴于睾丸的背内侧缘，延续为输精管，输精管与同侧输尿管并列而行进入泄殖腔。

一、睾丸有炎症、充血

| 睾丸充血 |——鸭瘟 |

| 睾丸膜充血，交配器官充血、肿胀 |——（生殖器官病）大肠杆菌病 |

二、睾丸有囊肿、损伤

| 睾丸囊肿 |——食盐中毒 |

| 睾丸有灶性损害 |——（亚急性、慢性）禽伤寒 |

| 公鹅阴茎肿大，表面有芝麻粒大至黄豆大的小结节，内有黄色脓性渗出物或干酪样坏死物质。严重时阴茎脱垂外露，表面有灰黑色坏死痂 |——鹅大肠杆菌病（母鹅"蛋子瘟"）|

三、睾丸萎缩

| 睾丸比卵巢萎缩更明显 |——维生素 B_1 缺乏症 |

| 睾丸萎缩 |——（肌营养不良）维生素 E-硒缺乏症 |

第十八节　心　　脏

心脏相当于体重的 4%～5%，呈圆锥形，夹于肝的两叶之间，左心室大于右心室 3 倍。右房室孔上为一肌肉瓣，代替哺乳动物三尖瓣（鸭鹅特别发达），右房室孔为圆形，有膜质瓣，相当于哺乳动物的二尖瓣。房中隔较薄，在中隔中央有一特别的区域，即卵圆窝。不少疾病可使心包、心内外膜、心肌等发生病变。

一、心包有炎症、积液

心包炎	——（成年禽急性）副伤寒
心包及心内外膜发炎	——滑液支原体感染
心脏病变不如白痢常见。心包有粘连	——（幼龄禽）副伤寒
心包积液呈淡红色，半透明	——（急性败血型）葡萄球菌病
心包积液，心扩张	——（渗出性素质）维生素 E-硒缺乏症

二、心包液有纤维素

纤维素性心包炎	——（慢性）禽链球菌病
心包充血和积液，有些有纤维性渗出物	——禽流行性感冒
有纤维素性心包炎，心包积液，内有纤维素性渗出物，心包膜浑浊增厚	——（急性败血型）大肠杆菌病

心包有浆液性、出血性、纤维素性渗出物，心冠状沟、心内外膜有出血点 —— （败血型）禽链球菌病

三、心包有结节、坏死

心包轻度扩张，内含浆液或红色液体，心包膜有圆形结节 —— （内脏型）禽弓形虫病

严重时，心包可见结节，切开内容物呈干酪样，无钙化现象 —— 禽结核病

心包炎，有粟粒大灰白色坏死灶 —— （亚急性、慢性）禽伤寒

四、心冠脂肪、冠状沟、心内外膜出血

心冠脂肪、冠状沟、心外膜有很多出血点，心包积有黄色液体，并有纤维素 —— （急性）禽巴氏杆菌病

心外膜出血 —— 菜籽饼中毒

心脏扩张，心包积液，心外膜有出血点 —— 食盐中毒

心外膜有小点出血 —— （最急性）禽巴氏杆菌病

五、心包表面有尿酸盐沉积

心包表面有尿酸盐沉积 —— 维生素 A 缺乏症

心包表面散布许多石灰样白色脆而易破碎的薄膜如絮状的尿酸盐结晶（称为尿酸痛石）。曾见心包内也有尿酸盐结晶 —— 家禽痛风

六、心肌出血

心脏有散在出血点 —— 禽流行性感冒

心有出血点（个别弥漫性出血），心包粘连 —— 禽喹乙醇中毒

七、心肌有结节、坏死

心肌发生网状细胞的弥漫性和结节性增生（特征） —— 网状内皮组织增殖症

心肌有灰白色或稍黄的呈针尖至粟粒大的结节 —— 住白细胞虫病

心肌有结节 —— （成年禽慢性）副伤寒

心肌有刷状出血和灰色结节区。心外膜出血 —— 磺胺类药物中毒

心肌发生炎症、变性或梗死 —— （慢性）禽链球菌病

心肌纤维坏死 —— （慢性）一氧化碳中毒

心肌有坏死灶，心包积液，心冠脂肪出血 —— 禽李氏杆菌病

心肌有间质性炎，心肌纤维脂肪变性，甚至坏死崩解 —— 禽弯曲杆菌性肝炎

心肌纤维之间的异噬细胞浸润是比较恒定的变化 —— 病毒性关节炎

八、心室扩张

个别雏禽心室扩张 —— 锰缺乏症

心脏轻度萎缩，右心室可能扩大 —— 维生素 B_1 缺乏症

心室变圆，心壁松弛，左心室更明显。心肌束间有少许红细胞渗出，血管扩张、充血 —— 雏番鸭细小病毒病

九、心肌苍白、黄白色

心肌变白或呈淡白色，心包积液较多 —— （雏鸭）黄曲霉毒素中毒

心肌扩张、苍白、贫血，左心室变薄，乳头肌有出血点，心内外膜有黄白色或灰白色与肌纤维平行的条纹斑 —— （肌营养不良）维生素E-硒缺乏症

十、心包积液及心内外膜出血

心包积液，心肌、冠状沟、心内外膜有针尖大出血点 —— （鸭）肉毒中毒

心包积液呈淡黄红色，心冠脂肪、心内膜有出血点或出血斑 ——（鸭）伪结核病

因病程短，主要是心包出血 ——（雏鸭）伤寒

心包充满黄色透明液，心冠状沟脂肪、心内膜和心肌充血、出血 ——（鸭）巴氏杆菌病

心包囊有浅黄色液和纤维素，心外膜与心包膜粘连，心外膜覆有纤维素性渗出物（病久机化或干酪化） ——鸭传染性浆膜炎

心内外膜、冠状沟、心肌有出血点 ——鸭瘟

心外膜有出血点，心包有多量浑浊液和纤维蛋白絮片 ——（鸭）衣原体病

心包充满黄色透明液，心冠状沟脂肪、心内膜、心肌充血、出血 ——（鹅）巴氏杆菌病

禽血液中的红细胞鸭每立方毫米 306 万个，鹅 271 万个。血红蛋白每 100 毫升血液中鸭 15.6 克，鹅 14.9 克。一氧化碳中毒时血呈樱桃红色。

可见血管、内脏血液呈鲜红色，脏器表面有小出血点 ——一氧化碳中毒

血液凝固不良，全身静脉瘀血 ——（鸭、鹅）中暑

第十九节　肺、气囊

　　禽肺较小，略呈扁平四边形，一般不分叶，两肺位于胸腔背侧部，背侧面嵌入肋间，因而形成几条较深的肋沟，其腹侧较平坦，除前部有肺门外，还有一些开口与气囊相通。支气管由肺的腹侧面进入肺内，由初级支气管分出多条次级支气管，再分出三级支气管呈辐射状分布全肺，三级支气管之间也有吻合枝，从三级支气管再分出众多的细小支气管，这些细小支气管壁上有许多膨大部（相当于哺乳动的肺泡）。

　　气囊是禽类特有的器官，是肺的衍生物，由支气管的分枝出肺后形成，大多数与骨的内腔相通。禽类的气囊一共有 9 个，胸腔前部左右各一个，在胸骨和锁骨内，有前胸气囊一对，位于两肺的腹侧，后胸气囊一对，在前胸之后，与腹气囊相连接的是最大的气囊，位于腹腔内脏两侧，与腹腔同长，和肺的后端有气孔相通。另两个气囊与腰荐骨、骨盆骨及股骨的气室相通，气囊的一部分伸入肾与腰荐骨之间，借以保护肾脏。

一、气管有炎症

| 当以呼吸症状为主时，可见气管、支气管呈卡他性炎。分泌物增多，肺质变硬 | —— （慢性）禽巴氏杆菌病 |

二、气管充血、水肿、有分泌物

| 气管黏膜充血水肿，并伴有浆液性或干酪样渗出物，肺有黄色小坏死灶 | —— 禽流行性感冒 |

| 支气管、气管黏膜充血，表面有黏性分泌物 | —— （败血型）禽链球菌病 |

| 气管水肿，有较多泡沫状渗出物。有时气管内可见白色凝固物，呈干酪样 | —— 隐孢子虫病 |

三、气管出血、坏死

黏膜型咽喉，甚至气管黏膜出现溃疡，上覆纤维素性坏死型假膜。重者，支气管、肺部也有病变	—— 禽痘

四、喉气管发炎、有渗出物

喉、气管黏膜充血、出血，有时有灰黄色假膜	—— 鸭瘟
喉、气管水肿，有较多泡沫状渗出物。有时气管内可见白色凝固物，呈干酪样	—— （鸭）隐孢子虫病
气管有泡沫状渗出液	—— （鸭）肉毒中毒
喉、气管水肿，有较多泡沫状渗出物，有时气管内可见白色凝固物呈干酪样（与鸡相似）	—— （鹅）隐孢子虫病

五、肺有炎症、充血、水肿

肺大面积充血、实变	—— （内脏型）禽弓形虫病
肺腹侧充血严重，表面湿润，常常有白色硬斑，切面渗出液较多	—— 隐孢子虫病
肺有水肿	—— 食盐中毒

| 肺水肿 | ——菜籽饼中毒 |

六、肺有瘀血、水肿

| 肺瘀血或水肿，有的有干酪样大小不一的坏死区 | ——（败血型）禽链球菌病 |

| 以肺瘀血、水肿、突变为特征，甚至见到黑红色坏疽样病变 | ——（肺炎型）葡萄球菌病 |

| 肺多有瘀血 | ——坏死性肠炎 |

七、肺有出血

| 肺有出血点或出血斑，切开流出带气泡的红色液体 | ——（鸭）伪结核病 |

| 肺溢血、水肿，大叶性肺炎，成虫头钻入气管黏膜，继发卡他性气管炎，分泌大量黏液 | ——气管比翼线虫病 |

| 有的肺有出血或突变区 | ——（急性）禽巴氏杆菌病 |

八、肺有坏死、结节、肿瘤

| 严重时，肺可见结节，切开内容物呈干酪样，无钙化现象 | ——禽结核病 |

肺部散有典型的霉菌结节（粟粒大或绿豆大），呈灰白、淡黄或黄白色，结节周围有红色浸润，切开可见有层状结构的干酪样物。有少数能形成较大的团块，肺的结节多时，质较硬且失去弹性 —— 禽曲霉菌病

九、肺发炎、有水肿或渗出液

肺腹侧充血严重，表面湿润，常常有白色硬斑，切面渗出液较多 —— （鸭）隐孢子虫病

肺瘀血，小叶间质水肿 —— 鸭传染性浆膜炎

肺充血、水肿、气肿，表面有出血点或出血斑 —— （鸭）肉毒中毒

肺内血管扩张、充血、肺泡增厚，充血瘀血 —— 雏番鸭细小病毒病

因病程短，肺卡他性炎 —— （雏鸭）伤寒

肺充血、水肿 —— （鸭、鹅）中暑

肺腹侧充血严重，表面湿润，常常有白色硬斑，切面渗出液较多，外观呈云雾状（与鸡相似） —— （鹅）隐孢子虫病

十、气囊混浊

气囊混浊，外观呈云雾状 —— 隐孢子虫病

有的有气囊炎，气囊混浊增厚 —— （败血型）禽链球菌病

十一、气囊附有纤维素或干酪样渗出物

气囊增厚，并附有纤维素性或干酪样渗出物 —— 禽流行性感冒

气囊有纤维素性或干酪样灰白色渗出物 —— （急性）禽巴氏杆菌病

严重时，气囊可见结节，切开内容物呈干酪样，无钙化现象 —— 禽结核病

十二、气囊有结节

气囊浑浊变硬，也有大小不等的霉菌结节，有时可见较厚的霉斑，有的霉斑有两分钱硬币大隆起，中心凹如碟状，呈烟绿或深褐色，用手拨动时有粉状物飞扬 —— 禽曲霉菌病

十三、其他病变

肺表面散布许多石灰样白色脆而易破碎的薄膜或絮状的尿酸盐结晶（称为尿酸痛石） —— 家禽痛风

呼吸道黏膜被一层鳞状角化上皮代替 —— 维生素 A 缺乏症

第二十节　口咽、食管

硬腭中央有一纵的腭裂，黏膜上有 5 排乳头，最后一排是口腔和咽

的界限，咽顶壁有两个开口，前为鼻后孔，后为耳咽管口，咽部黏膜血管丰富，可使大量血液冷却，有降低体温的作用。食物经过吞咽作用通过咽进入食管。某些病可导致口、咽、食管发生炎症、出血、结节和干酪样物。

一、口腔、咽喉有出血

| 口腔及黏膜有出血点 |————禽流行性感冒

二、口咽有结节、溃疡

| 口腔有干酪样假膜和溃疡 |————禽念珠菌病

| 咽喉黏膜上散布有白色小结节或覆盖豆腐渣样的薄膜，剥去薄膜即现溃疡 |————维生素 A 缺乏症

| 口、咽、食管有隆起的白色结节或溃疡灶，上覆气味难闻的乳酪样假膜或隆起的黄色"纽扣"。口腔病变可扩大成片，因干酪样物堆积，可部分或全部堵塞食管腔。病变可穿透咽部、眼眶、颈部皮肤 |————毛滴虫病

三、食管增厚

| 食管黏膜发炎增厚，严重感染时黏膜粗糙、高度软化 |————环形毛细线虫病

| 口内充满带泡的唾液，口腔、喉头可见叉形虫体 |————气管比翼线虫病

四、食管有结节、干酪样假膜

食管有干酪样假膜和溃疡	—— 禽念珠菌病

严重时，食管可见结节，切开内容物呈干酪样，无钙化现象	—— 禽结核病

五、鸭鹅咽喉、食管有炎症、出血、假膜

偶见少数病例食管黏膜有少量芝麻大白色假膜	——（鹅）副黏病毒病

咽喉会厌黏膜有小点出血	——（鸭）肉毒中毒

口腔、食管黏膜有灰黄假膜或出血点，剥离假膜显溃疡或出血（具有特征性）	—— 鸭瘟

食管轻度感染时，黏膜轻度发炎和增厚，严重时黏膜显著增厚和发炎，覆有絮状渗出物，且有不同程度脱落	——（鸭）捻转毛细线虫病

第二十一节 嗉　囊

　　鸭、鹅仅在食管颈段形成一个纺锤形的扩大部分，在大弯处有角质层，皱襞也较深，只在与食管相接处有液腺，可使带有细菌的食物保持适当的温度和湿度，能使食物发酵和软化。在未喂食前嗉囊充满食物和液体，喂食后嗉囊空虚（因未采食），均属病象。

一、嗉囊空虚

| 嗉囊空虚，黏膜苍白，黏液较多 |——锰缺乏症

二、嗉囊充满液体

| 嗉囊充满液体，黏膜易剥离 |——食盐中毒

| 嗉囊扩张，内充满黑色液体 |——肌胃糜烂病

三、嗉囊有炎症、结节、溃疡

| 嗉囊褶皱变厚，黏膜明显增厚，被覆一层灰白色有斑块且易剥落的假膜，假膜下可见坏死和溃疡，内容物酸臭 |——禽念珠菌病

| 严重时，嗉囊可见结节，切开内容物呈干酪样，无钙化现象 |——禽结核病

四、嗉囊有虫体

| 嗉囊黏膜发炎且增厚，严重感染时粗糙，高度软化成团的虫体主要集中在剥脱组织内 |——环形毛细线虫病

五、鸭嗉囊的病理变化

| 嗉囊轻度感染时，黏膜轻度发炎和增厚，严重时，黏膜显著增厚和发炎，覆有絮状渗出物，不同程度脱落。嗉囊失去贮藏食物的功能 |——（鸭）捻转毛细线虫病

嗉囊或胃有溃疡 —— （雏鸭）黄曲霉毒素中毒

第二十二节　鼻腔、鼻窦

　　禽类的鼻腔短而窄，以鼻中隔分为左、右两半鼻腔，每个鼻腔内有3个不完整的鼻甲软骨，下鼻甲骨正对鼻孔，为C形薄板，中鼻甲骨较大，上鼻甲骨位于后上方，呈小泡状。鼻的上缘盖有一个膜质鼻瓣（禽鼻孔四周为柔软的蜡膜）。当有某些疾病发生时，鼻腔、鼻窦会发炎，鼻液增加，甚至出血。

一、鼻腔有炎症、出血

当以呼吸症状为主时，鼻腔呈卡他性炎，分泌物增多 —— （慢性）禽巴氏杆菌病

鼻窦有卡他性、浆液性或纤维素性炎 —— 禽流行性感冒

重者，鼻部有病变 —— 禽痘

二、鼻腔、鼻窦有分泌物

鼻腔充满水样分泌物，液体流入鼻窦后，面部肿胀 —— 维生素A缺乏症

鼻腔有黏液 —— （急性）禽巴氏杆菌病

三、鸭鼻窦充满分泌物

鼻腔气管有大量黏稠液体 —— （鸭）衣原体病

| 鼻孔、鼻窦充满污秽分泌物 | —— 鸭瘟 |

第二十三节 胸 腺

胸腺位于颈部，形成不规则的两半，鸭鹅为 5 叶，呈淡黄色或带红色，沿颈静脉排列，直至胸腔入口的甲状腺处。胸腺在性成熟前最大，性成熟后重量即开始下降，每一叶由若干小叶构成，每一小叶又可分为皮质和髓质，胸腺退化时皮质消失，遗留的髓质含有少数淋巴细胞。有些疾病可导致胸腺发生充血、出血、增生或萎缩。

一、胸腺结节型增生

| 胸腺成髓细胞的弥漫性或结节性增生 | —— 淋巴性白血病 |

| 胸腺萎缩或充血、出血和水肿，网状细胞的弥漫性和结节性增生（特征） | —— 网状内皮组织增殖症 |

二、胸腺萎缩

| 胸腺萎缩 | —— 滑液支原体感染 |

三、鸭胸腺出血

| 胸腺有大量出血点和黄色病灶区，其周围被透明黄色液体所渗透 | —— 鸭瘟 |

四、鹅扁桃体肿大

| 扁桃体肿大出血 | —— （鹅）副黏病毒病 |

第二十四节　黏膜、浆膜

　　从口腔至肛门的管道内的黏膜，浆膜（包括胸膜和腹膜），在发生某些病时会出现病变。

一、黏膜、浆膜出血

| 腹腔脂肪、肠系膜、黏膜、浆膜有大小不等的出血点 |——（急性）禽巴氏杆菌病

二、鸭浆膜胶样浸润

| 皮下组织及胸腹腔浆膜上有黄色胶样浸润 |——鸭瘟

第二十五节　肌　　肉

一、肌肉出血

| 肌肉（尤其是胸肌、腿肌、心肌）有大小不等的出血点 |——住白细胞虫病

| 肌肉有瘀血斑，胸肌、大腿肌、颈肌、食管肌肉上可见一些纵列的住肉孢子囊，被寄生部位的肌纤维肿大、被破坏，孢子囊周围发炎 |——住肉孢子虫病

| 肌肉出血，胸部肌肉呈弥漫性或涂刷性出血，大腿内侧呈斑状出血 |——磺胺粪药物中毒

| 胸部肌肉有散在出血点 |——禽流行性感冒

| 腿部肌肉出血 | —— （雏鸭）黄曲霉毒素中毒 |

| 肌肉如牛肉状 | —— 禽黄曲霉毒素中毒 |

二、肌肉水肿、色淡

| 病变部位肌肉呈透明样病变，肌肉内组织水肿，肌肉纤维群与个别纤维分离，色淡如煮肉样，呈灰黄色、黄白色的点状、条状、片状不等，横断面有灰黄色、淡黄色斑纹，质地变脆、变软、钙化 | —— （肌营养不良）维生素 E-硒缺乏症 |

| 肌肉水肿，有的肌肉出血 | —— （败血型）禽链球菌病 |

三、肌肉断裂、可见肿瘤

| 大雏、成年禽腓肠肌断裂，于皮外看到皮下组织呈紫红色 | —— 病毒性关节炎 |

四、鸭"白肌"变化

| 鸭出现"白肌"变化 | —— （肌营养不良）维生素 E-硒缺乏症 |

第二十六节 骨 骼

　　禽的骨骼从病理变化的角度看，要注意的是胸骨、肋骨、后肢骨。胸骨较发达，长而宽，向后延伸直至骨盆部，胸骨的腹侧沿正中线有一高而长的胸骨脊向下突出，称为龙骨，胸骨前端与乌喙骨相连，两侧与肋骨相连。胸骨背面有若干小孔，气囊经此小孔与骨内的气室相连。肋骨左右成对，每条肋骨都由椎骨肋和胸骨肋两段构成，此两段肋骨几乎成直角，相互连接。后肢骨包括盆带骨和腿部骨。鸭鹅的骨盆相当大，有一对略呈蚌壳形的髋骨。每一髋骨由髂骨、坐骨和耻骨构成。股骨上端有股骨头和转子与髋臼形成关节，股骨下端形成内外两个髁与小腿骨形成关节。小腿骨由胫骨（较粗长，鸭鹅的胫骨比股骨长一倍）和腓骨组成。鸭鹅类有 4 趾，第一趾骨有些退化，不与地面接触，第二、三、四趾向前伸，分别具有 3～5 个趾节骨。有些病可引起骨骼的变异。

一、躯干骨的变化

> 骨质硬化发生在肋骨、骨盆骨、肩胛骨，呈灰黄色小病灶，骨膜增厚，骨质疏松，长骨极度膨大，骨髓腔完全被堵塞 ——骨硬化病

> 肋骨与脊椎骨连接处出现串珠状，肋骨向后弯曲，骨骼软而易折断 ——维生素 D 缺乏症

> 肋骨末端呈串珠状小结节 ——（幼禽）钙磷缺乏症

二、跖骨变短

> 骨骼粗短，管骨变形，骨后肥厚，骨板薄，剖面多孔 ——锰缺乏症

三、胸骨变形

> 全身各部分骨骼都有不同程度肿胀、疏松，骨体容易折断，骨变薄，骨髓腔变大，肋骨变形，胸骨呈 S 状弯曲，骨质软 ——钙磷缺乏症

以后龙骨变软，胸骨常弯曲，胸骨与脊椎接合部向内凹陷，产生肋骨沿胸廓呈内向弧形的特征 ——— 维生素 D 缺乏症

四、骨髓萎缩、变色

骨髓变淡红或黄色 ——— 磺胺类药物中毒

骨髓也呈樱桃红色或血红色，贫血型则呈苍白色或胶冻样 ——— 成红细胞白血病

骨髓脂肪细胞减少，骨髓增生 ——— 禽疟原虫病

五、骨髓细胞瘤

骨髓细胞瘤常发生在肋骨与肋软骨交界处，后胸骨、下颌骨、鼻软骨呈淡黄色干酪样 ——— 骨髓细胞瘤

六、跗关节发炎、肿胀

纤维素性关节炎 ——— （慢性）禽链球菌病

七、跗关节有不同的液体

跗关节周围肿胀，腓肠肌腱鞘水肿，滑膜囊充血、有出血点。关节囊内有黄色或白色渗出物，少数有脓汁。其他关节腔呈淡红色 ——— 病毒性关节炎

跗关节肿胀，内有乳白色液体 ——— 鸭传染性浆膜炎

关节面软骨肿胀，有的较大，软骨缺损或有纤维样物附着 —— 钙磷缺乏症

八、关节有干酪样渗出物

腱鞘、滑膜、骨关节发炎，渗出物初亮后混浊，最终成干酪样，关节呈黄红色，关节软骨糜烂 —— （关节型）滑液支原体感染

发生关节炎时，关节面粗糙，内有黄色干酪样物质或肉芽组织，关节囊增厚，内有红色浆液或灰黄色混浊黏稠液体 —— （鸭）巴氏杆菌病

病变局限于关节炎，翅、腿关节肿大变形，有炎性渗出物或干酪样坏死。少数病变发生于头部 —— （慢性）禽巴氏杆菌病

发生关节炎时关节面粗糙，内有黄色干酪样物质或肉芽组织，关节囊增厚，内有红色浆液或灰黄色混浊黏稠液体 —— （鹅）巴氏杆菌病

关节腔内分泌物较少，腱鞘硬化和粘连，跗关节软骨出现凹陷的点状溃疡，然后变大融合，肌腱断裂和周围组织粘连，关节腔有脓汁和干酪样物 —— 病毒性关节炎

九、关节内有大量尿酸盐

切开肿胀的关节流出白色的黏稠液体，滑液含有大量尿酸盐如尿酸铵、尿酸钙结晶（称为尿酸痛石） —— 家禽痛风

十、腱鞘发炎

腱鞘炎	—— （慢性）禽链球菌病

十一、雏鸭蹼有出血点

雏鸭蹼有出血点	—— （北京鸭）黄曲霉毒素中毒

第二十七节　脑和神经

　　在病禽死亡后的剖检中，常可从严重或具有特征性的病理变化中分析病情，很少剖检脑和外周神经。有些病在脑或外周神经出现某些病变，具有旁证价值。

一、脑膜、脑实质有充血、出血、水肿

脑膜、小脑、大脑明显充血、水肿，毛细血管充血，透明的血管坏死区发生血栓，小脑柔软而肿胀	—— (脑软化型) 维生素 E-硒缺乏症

脑膜血管充血、扩张，并常有针尖大出血点和出血斑	—— 食盐中毒

脑膜血管明显充血	—— 禽李氏杆菌病

大脑和脑膜充血出血	—— （鸭、鹅）中暑

出现神经症状的，脑血管充血	—— （鹅）副黏病毒病

脑充血、水肿 —— 磺胺类药物中毒

脑膜血管充血、出血。中枢神经元变性，胶质细胞增生和出现血管套现象，延脑、脊髓（尤其腰脊髓）灰质中可见染色质溶解。神经元肿大，树突和轴突消失，细胞核偏移或消失，仅剩下染色均匀的粉红或紫红色神经元残迹 —— 禽脑脊髓炎

二、脑有坏死

脑有坏死灶、血管套。神经胶质细胞增生 —— 禽流行性感冒

脑干基部坏死，视神经束、视交叉、视神经坏死区轻度变脆和干燥、灰黄，与健康部分明显不同。视网膜有明显损害，玻璃体被肉芽组织所替代 —— （脑炎型）禽弓形虫病

三、脑回有霉菌结节

曾见一病雏脑回有霉菌结节 —— 禽曲霉菌病

四、外周神经变性

脊髓和外周神经变性，有的呈现肝变性 —— 维生素 B_6 缺乏症

坐骨神经，臂神经肿大变软，直径为正常的 4～5 倍 —— 维生素 B_2 缺乏症

五、其他病变

| 脑膜充血 |────鸭瘟

| 纤维素性脑膜炎或脑膜充血、水肿和有小出血点 |────鸭传染性浆膜炎

| 鹅大脑轻度水肿，有针尖大出血点和黄豆大坏死灶 |────（鹅）曲霉菌病

第四章

鸭鹅病的实验室诊断

当分析临床症状和剖检所见病理变化还不能作出诊断时，必须进行实验室诊断以确诊。

第一节　病毒性传染病

一、禽白血病

禽白血病（AL）是由禽白血病肉瘤病毒群中的病毒引起的禽类多肿瘤性疾病的统称。禽成髓细胞增生病病毒（AMV）、禽脑脊髓炎病毒（AEV）和肉瘤病毒等引起肿瘤转化迅速。在几天至几周内即可形成肿瘤。而淋巴白血病病毒（LLV）缺乏转化基因，致瘤速度慢，需3个月以上。

1. 主要临诊症状　消瘦，冠髯苍白，腹部膨大（肝肿大），手指经泄殖腔可摸到肿大的法氏囊。剖检：在肝、肾、卵巢、法氏囊常见到肿瘤病变，肿瘤呈白色或灰白色，可能是弥散性的，有时呈局灶性。

2. 鉴别诊断　主要根据流行病学和病理学检查进行诊断，淋巴白血病需与马立克氏病进行鉴别诊断。

3. 病原的分离与鉴定　病毒分离鉴定和血清学检查在日常诊断中很少使用。但它们是建立无白血病种鸡群所不可缺少的。

4. 血清学诊断　采用半微量补体稀释法的补体结合试验、酶联免疫吸附试验（ELISA）和琼脂扩散试验（AGPT）进行检测。也有如葡萄球菌A蛋白酶联免疫吸附试验（PPA－ELISA）：免疫组化法、琼脂扩散试验（AGP）。经综合评定认为ELISA方法是一种较为理想和经济的检测方法。

二、网状内皮组织增殖症

本病主要是与禽白血病和马立克氏病相区分。

1. 主要临诊症状　生长停滞，躯干部位羽小支紧黏于羽干。剖检：法氏囊严重萎缩，滤泡中心淋巴细胞减少或坏死。胸腺萎缩、充血、出血和水肿，肝最早出现病变。特征性变化是网状细胞的弥散性和结节性增生。

2. 血清学诊断　在 96 孔细胞培养板上用间接荧光抗体方法检测野外样品分离物，一次可检测几十个样品，目前已被国外所采用。生物素—亲和素酶联免疫吸附试验（BAS - ELISA）可比间接 ELISA 和 IFA 分别敏感 4 倍和 16 倍。

三、禽流行性感冒（禽流感）

1. 主要临诊症状　沉郁，毛乱，冠髯水肿、发绀或呈紫黑色或有坏死。腿部鳞片有红色或紫黑色出血，鼻咽有灰色或红色渗出物，喷嚏、咳嗽、呼吸困难，发出咯咯声，眼流泪。腹泻，排灰绿色稀粪。剖检：口腔、腺胃黏膜、肌胃角质下层（腺胃、肌胃交界处出血严重）、十二指肠有出血点，胸骨内面、胸部肌肉、腹部脂肪、心脏均有散在出血点，头、眼睑、肉髯、颈胸部肿胀，组织呈淡黄色。肝肿大瘀血，肝、脾、肾、肺有黄色小坏死灶。腹膜、心包充血有积液，有些病禽有纤维素性渗出物。卵巢萎缩，输卵管充血、出血，管壁肿胀。脑有坏死灶、血管套。

2. 病原的分离与鉴定　直接检测禽流行性感冒病毒抗原的方法有抗原捕捉 ELISA、荧光抗体法、免疫酶组化法等。

3. 血清学诊断　血凝试验和血凝抑制试验除常量法和微量法外，还有加敏法，即抗原和抗体 4 ℃或室温下结合 1~2 小时后，再加入 1‰鸡红细胞，该法测抗体的效价比常规法高 2~4 倍。如果抗原用乙醚裂解，敏感性比常规法高 4~16 倍。但观察时间不宜太久，以不超过 30 分钟为好，否则易出现假阳性。

4. 琼脂凝胶沉淀试验（AGPT）　该方法简便快捷，既可定性（如免疫双扩散及免疫电泳中以沉淀线判定），又可定量（如单辐射扩散）。

琼脂扩散试验（AGP）最常用的是双向扩散试验（IDD）或称免疫双扩散。当待检抗原与阳性血清间出现沉淀线，并且沉淀线与附近的阳性抗原和抗血清的沉淀线相连，即可判定为阳性反应，待检抗原即为 A 型禽流感病毒。

5. 间接荧光抗体试验（IFA） 荧光抗体试验（FA）的敏感度与病毒分离相当，有时高于用鸡胚进行的病毒分离。发现间接固相免疫荧光技术的敏感性比血凝抑制试验高 40～150 倍。间接免疫荧光技术也可检测核蛋白（NP）及基质蛋白（MP）抗原与抗体的反应，其敏感性很高。

6. 酶联免疫吸附试验 简单程序（直接 ELISA）为：从感染尿囊液中超速离心抗原，以抗原包被酶标反应板，加入待检血清后，再加入抗抗体（酶标），最后以酶标仪检测结果。该方法具有较高的敏感性，既可检测抗体，又可检测抗原。尤其适合大批样品的血清学调查，可以标准化，而且结果易于分析。中国农业科学院哈尔滨兽医研究所已开发出 ELISA 和斑点酶联免疫吸附试验（Dot－ELISA）诊断试剂盒可供诊断用。

7. 聚合酶链反应（PCR） 吴时友等建立了从病料中检测禽流感病毒，康震等也建立了 PCR 和反转录—聚合酶链反应（RT－PCR）诊断法，PCR 方法敏感性较高，为禽流感病毒从病料快速检出提供了方法。

8. 高致病性禽流感（HPAI）**判定标准**

（1）怀疑病例 急病时发生死亡或不明原因死亡；脚鳞出血；冠出血或发绀，头部或面部水肿；血凝抑制（H1）效价达到 2^4 及以上。

（2）疑似病例 反转录—聚合酶链反应（RT－PCR）检测，结果 H5 或 H7 亚型禽流感阳性；荧光反转录—聚合酶链式反应（荧光 RT－PCR）检测阳性；神经氨酸酶抑制（N1）试验阳性。

（3）确诊病例 静脉内接种致病指数（IVPI）大于 1.2，1∶10 稀释的无菌感染流感病毒的鸡胚尿囊液，经静脉注射接种 8 只 4～8 周龄的易感禽，在接种后 10 天内致病 6～7 只或 8 只禽死亡，即死亡率 75％以上。对血凝素基因裂解位点的氨基序列测定结果与高致病性禽流感分离株基因序列相符。

四、病毒性关节炎

1. 主要临诊症状 临诊症状有跛行、跗关节肿胀，病禽苍白，骨钙化不全，肌腱断裂粘连，心肌纤维之间有异噬细胞浸润。

2. 病原的分离与鉴定 酶联免疫吸附试验（ELISA）有较高的特异性和敏感性，人工感染后 2～27 天，关节滑膜、腱鞘和脾中病毒检出率为 100％。荧光抗体试验（FA）是检出 Reo 病毒的一个比较行之有效、快速、特异的方法。人工感染，脾、肝检出率 100％。

3. 血清学诊断 琼脂扩散试验（AGP）虽然敏感性稍低，不适宜检测低滴度抗体，但操作简便、易于推广、实用性强，既可用于禽群流行病学调查，又可用于病毒性关节炎的诊断。

酶联免疫吸附试验（ELISA）与琼脂扩散试验（AGP）具有敏感性高、快速、适合自动化等优点。目前，ELISA 系统已商品化。

五、禽脑脊髓炎

1. 主要临诊症状 初沉郁不愿走动，或走几步即蹲下，常以跗关节着地，继而共济失调。步态不稳，驱赶时拍翅，用跗关节行走。3 天后出现麻痹而侧卧，发病 5 天后出现震颤，后衰竭死亡。剖检：个别能见到脑膜血管充血、出血。偶见肌胃的肌层有散在的灰白区。

2. 病原的分离与鉴定 用脑组织制备的悬液接种于 1 日龄无禽脑脊髓炎（AE）母源抗体的鸡胚或 SPF 雏鸡的脑内，1～4 周龄内出现典型症状，再收集有典型症状的病禽脑、胰的继代种毒接种于 5～7 日龄易感鸡胚的卵黄囊，12 天后胚胎萎缩、爪蜷曲、肌营养不良。病毒的检查可用荧光抗体试验（FA），阳性鸡的脑、胰、胸腺冷冻切片中可见黄绿色的荧光。

3. 血清学诊断

（1）病毒中和试验（VN） 中和指数在 1.0 以上视为抗体阳性。

（2）琼脂扩散试验（AGP） 用这种抗原进行 AGP，检测禽脑脊髓炎抗体，结果稳定，特异性强，方法简便迅速。

（3）酶联免疫吸附试验（ELISA） 此法已广泛被国外用于评价母鸡脑脊髓炎抗体的水平或作免疫效果的监测。此法与微量中和试验（VN）有良好的可比性，能定量检测血清中禽脑脊髓炎抗体水平，加上每次可以同时检测大量的血清样品，并容易将结果输入计算机软件程序中进行处理，因而适用于禽场进行脑脊髓炎抗体的检测和评价抗体水平。

还可用间接免疫荧光试验和被动血凝抑制试验检测脑脊髓炎抗体。

六、产蛋下降综合征

1. 主要临诊症状 产蛋突然下降，异常蛋很多，尤其是褐壳蛋在产蛋前 2 天即出现蛋壳褪色、变薄、变脆。

2. 病原的分离与鉴定 将产蛋下降综合征病毒从口或静脉接种于产蛋鸡，

5～7天后，可从肝、胰、气管、肺、空肠、盲肠、扁桃体、直肠、输卵管等处回收病料，病料经常规灭菌后接种于鸭或鸡的肾细胞上，孵育数天后观察细胞病变及核内包含体。并用血凝及血凝抑制试验进行鉴定。必须将每次传代后的死胚尿囊液或细胞培养上清液作血凝性检查，或用抗产蛋下降综合征（EDS－76）病毒的免疫血清标记的荧光抗体检测细胞生长物。

3. 血清学诊断

（1）血凝抑制试验（HI）　产蛋下降综合征病毒含有血凝素，能凝集鸡、鸭、鹅和火鸡等的红细胞，血凝抑制试验可用于禽群感染调查、抗体监测和病毒鉴定。

（2）琼脂扩散试验　产蛋下降综合征病毒抗原与相应抗体在琼脂凝胶中相向扩散，在交接处形成肉眼可见的沉淀线。

（3）血清中和试验　产蛋下降综合征病毒能致细胞病变，并产生核内包含体，这种作用可被相应的抗血清中和而消除，故本试验能检测产蛋下降综合征抗原或血清抗体。

（4）酶联免疫吸附试验（ELISA）　该法敏感性好，特异性强，其结果与血凝抑制试验（HI）相似。

（5）免疫斑点试验（DIBA）　该法不仅特异、敏感，而且简便、快速，是一种很有希望推广应用的诊断方法。

七、禽痘

1. 主要临诊症状　皮肤先生长出白色小结节，逐渐变为红色的小丘疹，很快增至绿豆大，呈黄色或灰黄色、凹凸不平的干硬结节，有时与邻近的结节融合成干燥、粗糙、棕褐色疣状结节，痂皮脱落留疤。或口腔、咽喉、气管生成黄白色小结节，逐渐增大融合在一起，形成黄白色假膜，去膜露出溃疡面。

2. 病原的分离与鉴定　将痂皮或假膜制成乳剂，加抗生素离心接种于易感禽冠部或腿部的划破或刺破处，3～4天后接种部位出现肿痘。取病料接种于9～12日龄鸡胚绒毛尿囊膜上，4～5天后可见绒毛尿囊膜水肿、增厚。

3. 血清学诊断　可采取琼脂扩散试验、免疫荧光法、酶标抗体法、酶联免疫吸附试验等进行诊断。

八、鸭瘟

1. 主要临诊症状　眼结膜充血、水肿、有分泌物（先浆性后变脓性），部分头部肿大或下颌水肿（称大头瘟）。鼻流分泌物，下痢（稀粪初呈灰白色后为灰绿色、绿色、褐色，有特殊气味），泄殖腔黏膜充血、出血、水肿。剖检：心内外膜、冠状沟、心肌有出血点。肝质脆易裂，棕黄色，表面有灰黄色或灰白色坏死点，其外围有出血带，部分有淡灰色纤维物覆盖。胆囊充满胆汁，黏膜见充血或小溃疡。脾肿大、暗褐色，有灰白色坏死灶。鼻孔、鼻窦有污秽分泌物，喉、气管充血、出血，气囊有灰白色渗出物。口腔、食管、肠、泄殖腔有灰黄色液体和出血点、坏死点。肾瘀血，睾丸充血，卵巢充血、出血。脑膜充血，胰偶有出血点，胸腺有大量出血点和黄色病灶区。

2. 病原的分离与鉴定　将病死禽的肝、脾病料无菌接种于鸡胚及鸭胚。如在鸡胚中不能生长繁殖，而在鸭胚中引起死亡并见肝有典型坏死病灶，即可诊断为鸭瘟。有条件时还可将此鸭胚毒和鸭瘟血清作用后再分别接种鸭胚或雏鸭，如鸭胚或雏鸭既不死亡又不见鸭瘟的特征病变，即可确诊。

3. 血清学诊断

（1）琼脂凝胶沉淀试验（AGPT）　用氯仿提取、聚乙二醇浓缩的方法处理病料后，才能检测病料中的鸭瘟病毒，其中肝的检出率高达80％。其次为脑、脾。本法具有简便、特异等优点。

（2）酶联免疫吸附试验（ELISA）　有较高的检出率，适合早期快速诊断。斑点酶联免疫吸附试验（Dot-ELISA）有简便、特异、敏感、快速、经济、被检样本需要量少和结果容易判断等优点。

（3）反向间接血凝试验（PPHA）　本法具有特异、敏感、快速、操作简便等优点，对出现临诊症状和病理变化的鸭鹅及濒死期的雏鸭鹅，其肝检出率分别可达100％和80％。

（4）微量固相放射免疫试验（Micro-SPPIA）及对流免疫电泳试验（CIEP）　可直接采用匀浆的肝、脾、脑、血清等病料，于人工发病后48小时就能陆续检出，其中肝检出率80％～100％。而CIEP只有采取氯仿提取、聚乙二醇浓缩的病料才能检出病毒抗原，其中肝检出率达75％以上。

九、鸭病毒性肝炎

1. 主要临诊症状　5～7日龄雏鸭突然发病，迅速传播，缩颈嗜眠，临死前"背脖"，死后肝肿大，色淡或发黄，表面有大小不等的出血斑点。

2. 病原的分离与鉴定　将病鸭肝匀浆皮下或肌内接种11～14日龄易感雏鸭数只，24小时后出现鸭肝炎症状，接种后24～72小时死亡，病理变化与自然病例相同，并能从肝中分离到病毒，对照组全部存活，即可作出诊断。这是最敏感、最可靠的鉴定方法。

将经抗生素处理过的肝匀浆上清液接种于10～14日龄敏感鸭（未经免疫母鸭所产的蛋）尿囊腔，于接种后24～72小时死亡，胚皮下出血和水肿，肝多肿胀呈灰绿色且有坏死灶。对照组全部存活。从胚的肝或尿囊液再次分离病毒接种敏感雏鸭即可确诊。

3. 血清学诊断

（1）取1～7日龄敏感雏鸭，用1～2毫升鸭病毒性肝炎高免血清或特异的卵黄抗体皮下注射进行被动免疫，另设对照组不注射抗体。24小时后，肌内或皮下注射0.2毫升病毒液（10%～20%肝匀浆上清液），试验组存活80%～100%，而对照组死亡80%～100%，即可确诊为鸭病毒性肝炎。

（2）用1～7日龄鸭肝炎敏感雏鸭和有母源抗体的雏鸭，经肌内注射0.2～0.5毫升的10%～20%待检肝悬液，结果有母源抗体的雏鸭有80%～100%受到保护，而对照组有80%～100%死亡。

（3）还可用荧光抗体试验（FA）或酶联免疫吸附试验（ELISA）进行病毒鉴定。

十、小鹅瘟

1. 主要临诊症状 1～2周龄雏鹅大批发生肠炎，排黄白或黄绿色水样稀粪（主要特征），青年、成年鹅均未发病。全身脱水，皮下组织充血，心肌暗淡，有坏死性肠炎，肠内有纤维素性渗出物形成的栓子。

2. 病原的分离与鉴定 取病雏鹅脾或胰、肝的匀浆上清液，接种12～15日龄鹅胚或其原代细胞培养，尿囊腔接种含毒材料，可在5～7天内致死鹅胚，胚体皮肤充血、出血及水肿，心肌变性呈瓷白色，肝变性或有坏死灶。细胞培养在接种后3～5天出现细胞病理变化，可检出核内包含体和合胞体形成。

3. 血清学诊断

（1）琼脂扩散试验（AGP）

① 检测抗体　中间孔加入已知琼脂扩散抗原，周围孔分别加入倍比稀释的被检血清和阳性对照血清。将加样后的琼脂板置20～25℃室温24～48小时观察结果。在抗原孔与抗体孔之间出现白色沉淀带即为阳性，并可测知血清琼脂扩散效价。

② 检测抗原　中间孔加入已知诊断抗原血清，周围孔分别加入被检抗原

或阳性对照抗原,将加样后的琼脂板置 20～25 ℃室温经 24～48 小时观察结果。此诊断方法对于患病雏鹅病料的检出率可达 80% 左右,在流行病学上具有重要的诊断价值。

4. 中和试验(NT) 用鹅胚中和试验、细胞中和试验,分别用固定病毒稀释血清法和固定血清稀释病毒法,以测定被检血清的中和效价和分别计算鹅胚半数致死量、中和指数,或分别计算细胞半数感染量和中和指数。

5. 琼脂扩散抑制试验 琼脂扩散抗原加入相应抗体,则抗原与抗体相结合而抑制沉淀带的出现。如加入抗体过多,则抗原和抗体结合后还有过剩抗体,又可与抗原结合出现沉淀带。此法可检测抗原成分,鉴定沉淀带性质以及抗原抗体结合的最适比例。

十一、雏番鸭细小病毒病

1. 主要临诊症状 7～14 日龄雏番鸭两翅下垂、两腿无力,排灰白或淡绿色稀粪,流泪、呼吸困难、喙端发绀,一般 2～4 天衰竭死亡。剖检:肝、脾、肾、胰肿大,表面有针尖大灰白色坏死灶。

2. 病原的分离与鉴定 将濒死雏鸭的肝、脾、胰研成 20% 悬液,加抗生素离心取上清液,接种于 11～13 日龄番鸭胚,观察至第 10 天,大部分胚胎死于接种后 4～5 天,胚胎全身充血,头、颈、胸、翅、趾等有针尖大出血点,收集胚液和胚胎作血清学检查和鉴定。

3. 胶乳凝集试验(LAT) 将病鸭的肝、脾、肾、胰等组织与蒸馏水 1:1 研成匀浆,加等体积氯仿,振荡,离心,取上清液为待检样品。在玻片上滴加待检样品(包括各种组织抽提液,感染病料的细胞培养液),然后滴加等量致敏胶乳,充分混合,于室温(22～28 ℃)静置 10～20 分钟。1～3 分钟内出现大凝块,液体澄清,++++为阳性;形成较大凝块,液体澄清,+++为阳性;形成肉眼可见的凝集颗粒,液体较澄清,++为阳性;部分形成肉眼可见的颗粒,液体不澄清,+为可疑;无凝集颗粒,-为阴性。该方法准确、快速,操作简便,判定直观,适用于本病的快速鉴别诊断。

4. 胶乳凝集抑制试验(LAIT) 10 微升含 4 单位抗原和不同稀释度被检血清等量混合后,置 37 ℃水浴箱内感作 60 分钟,取 10 微升抗原和抗体混合液与 10 微升致敏胶乳充分混合后,室温静置 20 分钟,判定结果;不出现凝集的血清样本为阴性,++以上凝集的血清为阳性。本法适用于流行病学调查和番鸭接种疫苗后抗体水平的监测。

5. 间接荧光抗体试验（IFAT） 取病鸭脾、肝、肾、胰等组织切片，冷丙酮固定后，滴加适当稀释度的雏番鸭细小病毒单克隆抗体（MPV - McAb），37 ℃水浴箱内作用 30 分钟，PBS 缓冲液洗 3～4 次，然后再滴加适当浓度的荧光素标记的抗小鼠免疫球蛋白抗体，37 ℃水浴箱内作用 30 分钟，PBS 缓冲液洗 4 次，50% 甘油 PBS 缓冲液封片，荧光显微镜检查，出现明亮黄绿色荧光者为阳性。

6. 直接荧光抗体试验（DFAT） 具体方法与结果判定同间接荧光抗体试验，所不同的是待检样品只滴加标记荧光素的 MPV - McAb。

7. 其他诊断方法 酶联免疫吸附试验（ELISA）、琼脂扩散试验（AGP）、血清中和试验（ST）和核酸探针等方法均可用于诊断。

十二、禽副黏病毒感染

1. 主要临诊症状 缩颈垂翅，下水随水漂浮，排白色或黄绿或绿色稀粪，成年鹅将头藏于翅下，常见口流水样液体，部分出现扭颈、转圈、仰头等神经症状。少数幼鹅有甩头、咳嗽。剖检：肝肿、瘀血，少数有散在坏死灶，胆囊充盈，脾肿、有芝麻大坏死灶。成年鹅肌胃较空虚，角质膜呈棕黑色或淡墨绿色且易脱落，角质膜下常有出血斑或溃疡灶。腺胃和肠黏膜有不同程度出血，空肠、回肠有散在青豆大小的淡黄色隆起痂块，少数食管黏膜有芝麻大白色假膜。有神经症状的病禽脑血管充血。

2. 病原的分离与鉴定 禽副黏病毒（APMV）的采样方法与新城疫病毒（NDV）相同。鸡胚接种除尿囊腔外，还应考虑 6～7 日龄卵黄囊接种。因为某些病毒这一途径的分离成功率高。APMV 有 9 个血清型，NDV 是 APMV - 1，APMV - 2 多见于野鸟，在鸡和火鸡仅引起轻度呼吸道症状或不显症。APMV - 3 感染常见于火鸡，表现产蛋下降和产白壳蛋，尚无自然感染的报道。APMV - 5 宿主范围可能很小，仅与澳洲小鹦鹉的高死亡率有关。APMV - 6 感染火鸡，表现呼吸道症状和产蛋下降。鸭可分离到但不致病。APMV - 7 在鸽有流行，火鸡和鸵鸟可引起暴发感染，接种尿囊膜不生长，或在鸡胚原代细胞上生长。

3. 血清学诊断 检测新城疫病毒的血清学方法均可用于检测禽副黏病毒，APMV - 5 不凝集鸡红细胞而凝集豚鼠红细胞。APMV - 3 与 NDV 的血凝抑制试验（HI）有交叉，NDV 与 APMV - 3 的特异单克隆抗体有助于鉴别诊断。

十三、禽肺病毒感染

1. 病原的分离 窦和鼻甲中的病毒最多存在 6～7 天，因此临诊症状严重的病禽很少分离到病毒。

2. 血清学诊断 近年来，用聚合酶链式反应（PCR）病毒核酸和用免疫荧光等方法直接检测病毒抗原进行诊断。

第二节 细菌性传染病

一、禽白痢

1. 主要临诊症状 闭目缩颈，翅尾下垂，排灰白色粪，有时粪与肛周绒毛结成块后堵塞肛门，排粪时尖叫。成年禽感染症状，产蛋率及孵化率下降。剖检：早期肝肿大、充血、有条纹。病程稍长心、肝、肺、盲肠、大肠、肌胃有坏死结节。成年母禽卵子成囊状，在厚的包膜内有油状和干酪样物质，腹膜炎、心包炎。

2. 病原的分离与鉴定 取肝（最好）或其他有病变的脏器，直接接种牛肉浸液（VI）琼脂和亮绿（BG）琼脂，同时取各脏器的一部分混合，加 10 倍容积的小牛肉浸液肉汤研磨，取悬液接种于小牛肉浸液和四硫磺酸盐亮绿（TBG）肉汤，培养 24 小时后再接种平板。可疑菌落移植到三糖铁和赖氨酸铁琼脂，37 ℃孵育 24 小时，呈典型沙门氏菌者继续进行血清型鉴定。

3. 血清学诊断 有全血凝集试验（WB）、试管凝集试验、快速血清凝集试验（RS）和微量凝集试验（MA）。我国大多数禽场采用全血平板凝集试验，所用的凝集抗原为染色抗原。

二、禽伤寒

1. 主要临诊症状 成年禽急性病例突然停食，委顿，毛乱，冠髯苍白皱缩，感染后通常 5～10 天死亡。剖检：雏禽肝、脾、肾肿大变红。成年禽肝、心肌有粟粒样灰白色小病灶，卵细胞破裂引起腹膜炎，卵细胞出血变形。

2. 病原的分离与鉴定 取肝、脾（幼雏取卵黄）组织作病料，用普通肉汤或胰蛋白酶琼脂培养、分离、鉴定。

3. 血清学诊断 血清学试验和检疫鸡白痢相同。此外，红细胞凝集试验

（HA）、抗球蛋白 HA 和间接 HA 也可用于诊断。抗球蛋白 HA 可在感染早期测出血清抗体，而 HA 试验可测出感染禽组织中积聚的细菌多糖。

三、禽副伤寒

1. 主要临诊症状　出壳最初几天即死亡，有的未啄开壳即死。各种幼雏症状相似，表现嗜眠呆立，翅下垂，显著厌食，饮水增加，水样下痢，堆挤。成年禽一般不显外部症状。剖检：病程稍长的幼龄禽肝、脾充血，有出血条纹或点状坏死灶，肾出血，心包炎。雏鸭常有关节炎。成年禽慢性带菌者肠道有坏死、溃疡，脾、肝、肾肿大，心有结节。

2. 副伤寒沙门氏菌的分离鉴定　病雏或死雏的新鲜器官可用来直接接种营养性琼脂平板或斜面，然后再接种选择性琼脂。选择在琼脂平板上出现的典型菌落接种三糖铁和赖氨酸铁琼脂斜面，对呈现典型反应者进行生化反应并作最后鉴定（表 4-1）。

表 4-1　副伤寒沙门氏菌、亚利桑那菌和枸橼酸杆菌在诊断培养基上的典型反应

培养基	副伤寒沙门氏菌	亚利桑那沙门氏菌	枸橼酸杆菌
葡萄糖	＋	＋	＋
乳糖	－	（－）	d
蔗糖	－	－	d
甘露醇	＋	＋	＋
麦芽糖	＋	＋	＋
卫矛醇	＋	＋	d
丙二酸盐	－	＋	d
尿素	－	－	d
氰化钾	－	－	＋
明胶	－	（－）	－
赖氨酸脱羧酶	＋	＋	－
β-半乳糖苷酶	－	＋	＋或－
酒石酸盐	＋	＋	＋

注：甘孟候，《中国鸭鹅病学》。

"＋" 代表阳性并产气，孵育 1～2 天形成；"－" 代表无反应；"（－）" 代表多数禽源亚利桑那菌仅在 7～10 天后发酵乳糖；"＋或－" 代表多数菌体阳性，偶尔为阴性；"d" 代表不同反应。

近年来，快速检测食品、饲料和临诊样品而使用的以单克隆抗体和核酸探针为基础的检测沙门氏菌的诊断药盒检测试剂，具有沙门氏菌的菌属特异性。

3. 血清学诊断　以微量凝集试验（MA）最可靠，敏感性最高。

四、禽巴氏杆菌病（禽霍乱）

1. 主要临诊症状　最急性病禽产蛋后突然死于窝中；急性口鼻流泡沫状黏液，冠髯发绀呈黑紫色，常发生水肿，剧烈腹泻，排灰黄色或绿色稀粪；慢性冠髯苍白、水肿变硬，关节发炎、肿大，跛行，鼻腔分泌物增多且有特殊臭味。鸭闭目呆立，不愿活动，口鼻流黏液，呼吸困难，不断摇头，排灰白色或绿色稀粪，腥臭。剖检：腹腔脂肪、肠系膜、浆膜、黏膜有出血点，胸腹腔、气囊有纤维素或干酪样灰白色渗出物，肝肿大质脆，呈棕红、棕黄或紫红色，表面有粟粒大灰黄色或灰白色坏死点，心外膜有很多出血点，心包有淡黄色液体和纤维素。鸭鹅心包内充满黄色渗出液，心冠脂肪、心内膜、心肌充血、出血，肝脂肪变性，有小出血点与坏死点，肠充血、出血，内容物污红色。关节有黄色干酪样物，关节液红色或灰黄黏稠。

2. 病原分离培养　将病料接种于鲜血琼脂、血清琼脂、普通肉汤培养基，37℃培养24小时，在鲜血琼脂平皿上，可长出圆形、湿润、表面光滑的露滴状小菌落，菌落周围不溶血，边缘整齐。在普通肉汤中，呈均匀混浊，放置后有黏稠沉淀，摇振时沉淀物呈瓣状上升。培养物作涂片、染色、镜检，大多数细菌呈球杆状或双球状，不表现两极着色。

3. 动物试验　取病料研磨成1：10悬液，取上清液0.2毫升接种于小鼠、鸽或鸡，1～2天后发病，呈败血症死亡，鼠血液涂片可见多杀性巴氏杆菌。

4. 血清学诊断　已有用聚合酶链式反应（PCR）来鉴定多杀性巴氏杆菌。

五、滑液支原体感染

1. 主要临诊症状　跗、趾关节热、肿、痛，跛行甚至不能站立。有的表现喷嚏、咳嗽、流鼻涕。剖检：腱鞘炎、滑膜炎和骨关节炎，渗出液初清亮渐浑浊，终呈干酪样。严重病例头顶和颈上方出现干酪样物，关节液色黄红，关节软骨糜烂（并非特征）。

2. 血清学诊断　有平板凝集试验、试管凝集试验和血凝抑制试验等，也有用酶联免疫吸附试验诊断的。

六、鸭传染性窦炎

主要临诊症状：雏鸭病初喷嚏，鼻液有浆液性变性，眶下窦双侧肿，成球形或卵圆形。剖检：窦黏膜肥厚，窦中充满大量灰白色黏液或干酪样物。

必要时可通过血清检测支原体。

七、大肠杆菌病

1. 鸭大肠杆菌病临诊主要症状　产蛋初期或高峰产蛋率突降 40%～50%。死鸭泄殖腔留有 1～2 个硬壳或软壳蛋，输卵管有大小不等的出血点，并附有多量的淡黄色或黄色纤维素凝块。卵泡变形变色。

2. 母鹅"蛋子瘟"主要临诊症状　开始产蛋后不久，病鹅初沉郁，产软壳、薄壳蛋，产蛋量减少，肛周有污秽发臭粪污，排泄物中混有黏性蛋白状物及凝固的蛋白或蛋黄小凝块。剖检：腹腔内充满淡黄色腥臭的液体或混有淡黄色卵黄碎片。腹腔脏器表面覆盖有一种淡黄色凝固的纤维素性渗出物，肠系膜有炎症，肠环间发生粘连。肠浆膜有针尖大出血点。卵子变形、变性，积在腹腔中的卵黄凝固成硬块，切面呈层状，破裂的卵黄则凝结成大小不等小块或碎片。输卵管黏膜发炎，有出血点和淡黄色纤维素性渗出物，管腔有腐臭的凝固蛋白或淡黄色纤维素性渗出物。

公鹅阴茎（勃起长 5～8 厘米）肿大，表面有芝麻至黄豆大的结节，里面有黄色脓性渗出物或干酪样坏死物质。严重的阴茎脱垂外露，表面有灰黑色坏死痂皮。

病原分离后通过血清检测鉴定大肠杆菌。

八、禽亚利桑那菌病

1. 主要临诊症状　病雏腹泻，排黄绿色稀粪，有时带血，运动失调，颤抖。剖检：卵黄吸收不良，腹膜炎，肝肿大发炎并带有黄色斑点，心肌浑浊，还可能有肺脓肿，气囊、腹胸腔有淡黄色干酪样物。

2. 病原的分离与鉴定　用蛋壳或蛋壳膜分离本菌更易获得成功。亚利桑那菌能发酵乳糖、缓慢液化明胶，苹果酸及 β-半乳糖苷酶呈阳性反应，这些是与沙门氏菌区别之处。

九、葡萄球菌病

1. 主要临诊症状　败血型：病禽缩颈垂翅，排灰白或黄绿色稀粪，胸腹部至嗉囊和大腿内侧羽毛脱落；皮下浮肿，潴留血样渗出物，外观紫色或紫褐色，破溃流出茶色或紫红色液体。关节炎型：病禽关节肿大呈紫红或紫黑色；脐带炎，脐发炎肿大，局部黄红色或紫黑色，质较硬，间有分泌物，腹部膨大，体表皮肤出血坏死；肝、脾有坏死灶。

2. 镜检　取病料（皮下组织液、肝、脾、关节液、卵黄囊、死胎）涂片、染色、镜检，可见多量葡萄球菌，根据细菌形态、排列、染色特性等可作出初步诊断。

3. 致病性　葡萄球菌的毒力强弱及致病性通过下列检验可确定。

凝固酶试验：凝固酶阳性者多为致病菌。

菌落颜色：金黄色者为致病菌。

溶血试验：溶血者多为致病菌。

生化反应：分解甘露醇者多为致病菌。

4. 动物试验　用经 24 小时的培养物 1 毫升对家兔进行皮下注射，可引起局部溃疡、坏死。如静脉注射 0.1～0.5 毫升可于 24～48 小时死亡。剖检可见浆膜出血，心、肾及其他器官有大小不同的脓肿。如皮下接种于鸡，也可引起发病和死亡。

十、鸭传染性浆膜炎

1. 主要临诊症状　眼、鼻流浆性黏性分泌物，排稀薄绿色或黄绝色粪，有痉挛、点头，头向后背，两腿伸直、角弓反张。心包、肝脾表面、气囊有纤维素性渗出物，脑有纤维素性炎，输卵管有炎症、肿大，其中贮积干酪样物等。

2. 镜检　病料涂片，瑞氏染色镜检，可见两端浓染的小杆菌，但往往菌体很少，且不易与巴氏杆菌区别。

3. 病原的分离与鉴定　用心血、脑、肝接种于胰蛋白酶大豆琼脂或巧克力琼脂平板培养基上，置于二氧化碳培养箱或蜡烛缸内（含 5%～10% 的二氧化碳），培养 24～48 小时，对其若干特性进行鉴定。如有标准定型血清，还可用玻片凝集反应或琼脂扩散试验进行血清型的鉴定。

4. 荧光抗体试验　采鼻分泌物或肝、脑组织涂片，火焰固定，用特异的荧光体染色，在荧光显微镜下检查，则鸭疫里氏杆菌呈黄绿色环状结构，多为单个存在，个别呈短链排列，其他细菌不着色。以此可鉴别大肠杆菌、沙门氏菌、巴氏杆菌。

十一、禽曲霉菌病

1. 主要临诊症状　鸭缩颈呆立、翅垂、懒于走动，排绿色或黄色糊状粪。鹅头向一侧歪，瘫痪。剖检：肺、气囊、腹腔浆膜有霉菌结节。

2. 镜检　取肺、气囊上的结节置玻片上，加生理盐水 1 滴或加 15%～20%苛性钠（或 15%、20%苛性钾）少许，用针划破结节，加盖玻片后镜检，可见结节中心有曲霉菌的菌丝，气囊、支气管病变等接触空气的病料可见到分隔菌丝的分子孢子柄和孢子。

3. 病原分离培养　将病料接种到沙保弱氏培养基或察氏琼脂培养基，作霉菌分离培养，观察菌落形态、颜色及结构，进行检查和鉴定。必要时，进一步作分类鉴定。

十二、禽链球菌病

1. 主要临诊症状　雏禽嗜眠、怕冷、腹部肿大，运动失调，驱赶易翻倒，排灰绿色稀粪。剖检：皮下、浆膜、肌肉水肿，心包、胸腹腔有浆液性出血性或纤维素性渗出物，心冠及内外膜出血，肝肿大、瘀血。

2. 镜检　病料涂片，美蓝、瑞氏或革兰氏染色，镜检，可见蓝色、紫色或革兰氏阳性的单个、成对或短链排列的球菌，可初步诊断为本病。

3. 病原分离培养　将病料接种于鲜血琼脂平板上，24～48 小时后，可生长出透明、露滴状、β 溶血的细小菌落，涂片镜检，可见典型的链球菌。

4. 病原鉴定　禽链球菌可发酵甘露醇、山梨醇和 L-阿拉伯糖。除兽疫链球菌外，均可在麦康凯培养基上生长。兽疫链球菌在血液琼脂平板上呈 β 溶血，D 群链球菌呈 α 溶血或不溶血。

5. 动物试验　鸡病料培养物以 0.3～0.5 毫升经皮下注射雏鸡，于第二天死亡。

十三、弯曲杆菌性肝炎

1. 主要临诊症状　呆立、缩颈、闭眼，腹泻，粪呈黄褐色，先糊状后水样。剖检：肝形状不规则，肿大、土黄色，质脆，有大小不等的出血点和出血斑，且表面散布星状坏死灶及菜花样黄白色坏死区。

2. 病原分离培养和镜检　无菌手术吸取胆汁，也可取肝、脾、肾、心、心包液，画线接种于 10％血琼脂平板上，在 10％二氧化碳环境中培养 24 小时，挑取单个菌落，染色镜检，见到弯杆菌可快速作出诊断。

3. 动物试验　将病料接种于 5～8 日龄鸡胚卵黄囊，3～5 天死亡，取死胚尿囊液、卵黄涂片、染色、镜检。分离到的弯杆菌经纯化后，可进一步进行理化特性及致病力的鉴定。

十四、结核病

1. 主要临诊症状　缩颈呆立，冠髯苍白，进行性消瘦、贫血。剖检：内脏器官上有黄灰色干酪样结节。

2. 镜检　结核病灶直接或抹片染色镜检，用姜—尼染色法染色，可见单个、成对、成堆、成团的红色杆菌，可初步诊断为结核病。

3. 病原分离培养　病料经酸或碱（4％氢氧化钠或 6％硫酸）处理 30 分钟（用以除去其他微生物），离心、沉淀，取沉淀物作成乳剂，进行培养，初次分离多用固体培养基，要满足于 5％～10％二氧化碳条件。经 2 周以上培养才能见到细菌生长。对分离的结核杆菌要进一步鉴定。

4. 动物试验　病料经处理稀释后，给兔或鸡静脉注射 0.1 毫升细菌，可在 30～60 天死亡。剖检：肝、脾肿大。皮下或肌内注射同等剂量时，病程缓慢，最后仍可死亡。

5. 变态反应　于鸡肉髯皮内注射 0.1 毫升禽型结核菌素，48 小时检查时，与对侧肉髯比较，注射侧红、肿，判为阳性反应。本法用于鸡、火鸡，水禽少用。

6. 血清学诊断　用酶联免疫吸附试验、全血凝集试验、平板凝集试验等进行检验。

十五、鸭伪结核病

1. 主要临诊症状　两腿发软，蹲于地、缩颈低头、眼半闭流泪，呼吸困难，水样下痢，稀粪呈绿色或暗红色，消瘦。剖检：心包有淡黄色积液，心冠脂肪、心内外膜有出血点或出血斑，肝、脾、肾肿大有小点出血，肝、脾表面有米粒大黄白色坏死灶。

2. 病原的分离与鉴定　对于急性病例应采取血液样本进行检验，慢性病例可采取病变组织作病原菌的分离鉴定。

十六、禽李氏杆菌病

1. 主要临诊症状　2 月龄以下雏禽，冠髯发绀，皮肤发紫，翅下垂，两腿无力，行走不稳，卧地不起，侧卧两肢不断划动，头颈弯曲，仰头尖叫，两腿抽搐。剖检：脑膜和脑血管充血，心肌有坏死灶，心包积液，心冠脂肪出血；肝呈土黄色，肿大，有黄白色坏死点和深紫色瘀血斑，质脆易碎；脾肿大、黑红色，腺胃、肌胃、肠黏膜出血，黏膜脱落。

2. 镜检　用病禽血液、肝、脾、肾、脑脊液触片或涂片，革兰氏染色镜检，有单个、V 字形或并列的阳性小杆菌。

3. 病原分离培养　取病料（脑、淋巴结、肝）接种于兔鲜血琼脂培养基，0.05％亚碲酸盐胰蛋白琼脂平板、0.1％葡萄糖血清肉汤、Martin 琼脂斜面或 Martin 肉汤培养基中分离培养。在血琼脂平板上，菌落周围有溶血环；亚碲酸盐琼脂上则呈黑色菌落；葡萄糖血清肉汤中呈均匀浑浊，有颗粒状沉淀，不形成菌环或菌膜；Martin 琼脂斜面上可见乳白色大小不一、圆形、边缘光滑、透明的小菌落；Martin 肉汤中呈均匀浑浊，管底有黄色沉淀。

4. 病原鉴定　李氏杆菌能发酵葡萄糖、麦芽糖、七叶苷、果糖、海藻糖、水杨素，产酸不产气。缓慢发酵乳糖、蔗糖、阿拉伯糖、半乳糖、鼠李糖、山梨糖、甘油。不液化明胶，接触酶阳性，甲基红与 VP 试验阳性。不形成吲哚，不分解尿素，不能还原硝酸盐。

5. 动物试验　病料制成悬液，用普通肉汤（胰蛋白酶大豆肉汤，脑心浸液肉汤）以 1∶1 稀释，用研钵或匀浆器匀浆，将悬液通过腹腔、脑腔、静脉注射兔子、小鼠或豚鼠，可很快引起动物败血死亡。点眼可引起化脓性结膜炎，不久发生败血死亡。

6. 血清学诊断　血凝抑制试验（HI）、补体结合试验（CF）、琼脂扩散试验（AGP）、免疫荧光试验（IFA）等均可用于本病诊断，由于李氏杆菌有自凝性，与金黄色葡萄球菌、肠球菌等有共同抗原成分，易出现交叉反应，所以在血清诊断时受到很多限制，在国外，血清Ⅰ型和Ⅳ型有商品化抗血清可用于血清型鉴定。

7. 单克隆抗体检验病原菌　夹心 ELISA 可于增菌后 24 小时内报告阳性

结果。采用间接免疫荧光和 ELISA 的方法可快速检测出李氏杆菌。

还可用核酸探针技术检测李氏杆菌，即使每克样品中污染一个细菌也能检测出来，十分敏感、特异、迅速、方便。

十七、衣原体病

1. 主要临诊症状 鸭离群呆立，腹泻，排绿色或黄白色粪。有的病鸭发生关节炎，眼、鼻流黏液性脓性分泌物，张口呼吸。剖检：鸭鼻腔、气管有大量黏稠物，胸腹腔、心包、气囊有多量浑浊分泌物（混有纤维素），腹腔脏器表面有纤维素性膜覆盖，肝肿大、色深、有针尖大灰白点，脾肿大、暗红、质软。

2. 镜检 用肝、脾、心包、心肌压片染色，姬姆萨染色衣原体呈紫色，用 Gimecez 氏染色衣原体原生小体呈红色，网状体呈蓝色，找到包含体对确诊意义重大。

3. 血清学诊断 禽血清应在 56 ℃ 下灭能 35 分钟，被检血清自 1：4 开始倍比稀释到 1：128。间接补体结合反应是将被检血清与 1 个工作量抗原混匀，在 4 ℃ 中感作 6～8 小时，加入 1 个工作量指示血清和 2 个单补体混合后在 4 ℃中过夜或 8～10 小时，取出后在 37 ℃ 中水浴 30 分钟，加入敏化红细胞混匀后再 37 ℃ 水浴 30 分钟判断结果，被检血清效价＞1：8(++，50％溶血) 为阳性反应；被检血清＜1：4(+，75％溶血) 为阴性反应；被检血清等于 1：8(+)或 1：4(++) 时为可疑反应，可疑反应重检，如仍为可疑则判为阳性反应。

间接红细胞凝集试验：在微量板上进行被检血清按上法灭能，当被检血清效价＞1：16(++) 时为阳性反应，当＜1：4(++) 时为阴性反应，介于两者之间为可疑反应。可疑反应重检后仍为可疑者判为阳性反应。

4. 病原分离培养 将 5 只病禽的新鲜病料（肝、脾、肾、心肌、气管、粪便）混合制成 20％悬液；加入适当的抗生素（链霉素、庆大霉素、万古霉素、两性霉素等均可，但不能用青霉素）；离心，除去组织渣。

（1）鸡胚接种 经卵黄囊接种于 6～7 天胚龄的鸡胚培养，将前 3 天死亡胚弃去。对之后的死胚以卵黄囊压片染色镜检有无衣原体，如第一代胚未发现病原，可继续再传 1～2 代检查。

（2）小鼠脑内或腹腔接种 将出现症状或死亡的脑压片或腹腔液涂片镜检衣原体，或接种后 9 天小鼠仍健活的，可采取脾（脑）再接种小鼠、鸡胚或单层细胞检查一次。

（3）细胞单层接种　接种培养 2～3 天后即可用于染色检查衣原体。比接种鸡胚或小鼠可早日得到结果。

十八、坏死性肠炎

1. 主要临诊症状　排黑色或混有血液的粪便。剖检：肠道表面呈污灰黑色或污黑绿色，肠管扩张 2～3 倍，充气，肠内容血样或黑绿色，黏膜有大小不等的麸皮样坏死灶，有的形成假膜、易剥脱，其他脏器多为瘀血。

2. 镜检　用刚病死禽的肠黏膜刮取物或肝触片，革兰氏染色，镜检可见到大量阳性短、粗、两端钝圆的杆菌单个或成对排列，着色均匀，有荚膜。在陈旧培养物中偶见芽孢。

3. 动物试验　用纯培养物腹腔接种小鼠 10 小时可致死，病变与自然病例相同，可见临诊出现黑红色粪便，但不能致死，剖检可见小肠下 1/3 处有轻度病变。

十九、肉毒中毒

1. 主要临诊症状　瞌睡，从腿部逐步向翅、颈、眼睑发生麻痹，表现蹲坐、翅下垂、头颈伸直平铺于地不能抬起，腹泻绿色稀粪。粪中含有多量尿酸盐，轻者 3～4 天，重者几小时死亡。剖检：整个肠道充血、出血，尤以十二指肠严重。喉气管有少量黄色黏液。

2. 动物试验　用病禽嗉囊内容物 5 克，加生理盐水 10 毫升研制成悬液，室温浸出 1 小时用滤纸过滤分两份，一份加热 100 ℃ 30 分钟灭活，另一份不处理作对照液，分别接种于左、右眼睑，左眼做试验，右眼作对照，4 小时后两只鸡左眼麻痹半闭合，敲打头部左眼仍不睁开，而右眼闭合自如，18 小时后全部死亡。

3. 血清学诊断

（1）反向间接血凝试验　用精制 A－F 型抗毒素血清将醛化红细胞致敏制成诊断用红细胞，以此进行反向间接凝血试验，可直接检查罐头食品。饲料、胃内容及其他某些介物中的肉毒毒素，其敏感性与小鼠腹腔接种法相近。

（2）琼脂扩散试验　用被检材料与已知型的抗毒素血清进行琼脂扩散试验，可对所含毒素定型。

因本菌在正常消化道中广泛分布，所以分离肉毒梭菌对本病诊断意义不大，但对饲料及环境样品中肉毒梭菌的检测有助于流行病学的调查，但应无菌采集病料。

二十、家禽念珠菌病

1. 主要临诊症状　鸭伸颈张口，气喘，最后抽搐。剖检：口腔、食管有干酪样假膜和溃疡，嗉囊黏膜增厚，覆一层灰白色斑块状假膜如"毛巾样"，易剥落，假膜下溃疡。雏鸭以气囊浑浊和肺出血为特征。

2. 镜检　刮取嗉囊或食管分泌物制成压片，600 倍显微镜下弱光检查，可见边缘暗褐、中间透明的一束短小枝样菌丝和卵圆形芽生孢子。另取同样病料进行分离培养，观察形态和持性。

3. 动物试验　将培养物按每只 0.5 毫升接种于健康雏鸡或青年鸡 3～5 天后，口腔出现不同程度病变。用 96 小时肉汤培养物于兔颈皮下接种 1 毫升，2 周后局部发生明显炎症变化，取小块组织接种于沙氏培养基上，可分离到白色念珠菌，宰杀家兔在肾和心脏可见到局部脓肿。

二十一、溃疡性肠炎

1. 主要临诊症状　眼半闭，离群独处，排含有黏液、具有恶臭的黄绿色或淡红色稀粪。剖检：肝砖色红或黄褐色，表面有粟粒至黄豆大黄、灰白或色泽不一的坏死灶（特征性），脾肿大、黑褐色瘀血或出血，偶有坏死点。十二指肠、盲肠有坏死灶。

2. 镜检　用肝病灶涂片染色，发现一端有芽孢的梭菌时有助于诊断。

3. 病原的分离和鉴定　肠道病料应加热处理，肝可直接用于 5～7 龄鸡胚卵黄囊内接种，鸡胚常于 48～72 小时死亡。

4. 动物试验　用病料或培养物以口服感染鹌鹑可复制本病（用坏死性肠炎的病料喂鹌鹑不发病）。

第三节　寄生虫病

一、鸭球虫病

1. 主要临诊症状　喜卧嗜睡，排桃红或暗红色稀粪，有时见有黄色黏液，腥臭。当天或第二、三天死亡。剖检：小肠肿胀出血，内容物为淡红或鲜红色黏液或胶冻样黏液，但不形成肠芯。

2. 镜检 用剪刀刮取少量肠黏膜涂布于载玻片上，加 1～2 滴生理盐水，调匀，加盖玻片后，在高倍显微镜下检查，如见有大量球形的像剥了皮的橘子似的裂殖体和香蕉形或月牙形的裂殖子和卵囊，即可确诊。或取少量的肠黏膜做成薄的涂片，滴加甲醇液，待甲醇挥发干后，用瑞氏或姬氏染色 1～2 小时，然后置高倍显微镜下检查，如见有大量裂殖体、裂殖子、大小配子体、大小配子、合子或卵囊，即可确诊。裂殖体染成浅紫色，中间有一形状不规则的近似球形的残体。裂殖子染成深紫色，小配子体呈圆形，染成浅紫色，内含许多眉毛状的小配子，单个小配子深紫色，大配子体多呈圆形或椭圆形、染成浅蓝色，中间有一个深紫色的核，四周有浓染颗粒。卵囊一般不着色，折光性强。

二、鹅球虫病

1. 主要临诊症状 排血粪或肠膜样粪。垂头闭眼，离群呆立，口腔积液，流涎，走路摇摆，翅下垂，有的嗉囊充满液体。小鹅开始排白色稀粪，后排腊肠样粪。剖检：肠寄生部位黏膜脱落，并形成一条坚实的灰白肠芯，主要发生在回肠和直肠。

2. 镜检 用病死鹅十二指肠、空肠作切片检查，可见大量球虫裂殖体和卵囊。

三、隐孢子虫病

1. 主要临诊症状 喷嚏、咳嗽、呼吸困难，伸颈张口，翅下垂、喜卧。剖检：喉头、气管水肿，有较多泡沫状渗出物，有时气管有白色干酪样物，肺和腹壁常有灰白色硬斑。

2. 镜检 用喉头、气管、法氏囊、泄殖腔黏膜涂片，姬氏染色镜检，胞浆呈蓝色，内含数个微密的红色颗粒。最好是姜—尼染色法，由甲液和乙液组成（甲液按纯复红结晶 4 克，结晶酚 12 克，甘油 25 毫升，95％乙醇 25 毫升，甲亚砜 25 毫升，加蒸馏水 160 毫升；乙液按 2％孔雀石绿水溶液 220 毫升，99.5％冰乙酸 30 毫升；配制后静置 2 周待用）。染色前先用甲醛固定涂片 10 分钟，空气干燥后加甲液染色 2 分钟，用自来水冲洗，再加乙液染色1分钟后再用自来水冲洗。干燥后即可镜检。在绿色的背景上可见到红色的卵囊，内有一个小颗粒空泡。此法适用于肠道和呼吸道黏膜的组织学检查。

四、住白细胞虫病

1. 主要临诊症状 口流涎，下痢，粪绿色，冠髯苍白，两肢轻瘫，突然咯血，呼吸困难而死。育成禽贫血消瘦，排水样白色或绿色稀粪，生长受阻，成年禽产蛋率下降或停止产蛋。剖检：全身性皮下出血，肌肉有出血点，内脏器官上有灰白色或稍带黄色针尖至粟粒大的结节。

2. 镜检 用消毒注射针头采心血、翅下静脉血或冠血涂成薄片，瑞氏或姬氏染色，镜检可发现虫体。将明显界线的白色小结节制成压片，染色后可见到许多裂殖子散出。

五、组织滴虫病

1. 主要临诊症状 绝食，闭眼畏寒，翅下垂，下痢，粪淡黄或淡绿，严重者带血，甚至大量排血，冠发绀（黑头病）。剖检：盲肠一般一侧或两侧充血、增厚，充满浆液性出血性渗出物，使肠壁扩张，渗出液干酪化形成肠芯，随后黏膜有溃疡甚至穿孔。肝肿大呈紫褐色，表面出现黄色或黄绿色圆形下陷的病灶，豆大或指头大，边缘稍隆起。

2. 镜检 采用盲肠内容物，用加温至40 ℃的生理盐水稀释后，做成悬滴标本，在显微镜旁放一个白炽小灯泡，即可在显微镜下见到活动的火鸡组织滴虫。

六、禽疟原虫病

1. 主要临诊症状 贫血，呼吸困难。剖检：肝、脾肿大，脾微血管内布满淋巴细胞和感染有虫体的红细胞。

2. 镜检 内脏器官及血液涂片，用罗曼诺夫斯基染色法染色，侵入红细胞中的滋养体呈环状，其细胞质呈天蓝色带状，细胞核呈红色，虫体中间为不着色的空泡。当疟原虫消耗宿主血红蛋白后，就会形成一种特殊的疟疾色素的残余物，这在染色片上可以看到。

七、住肉孢子虫病

1. 主要临诊症状 口腔、咽、食管、腺胃黏膜有隆起的白色结节或溃疡灶，并从口腔流出气味难闻的液体，眼流分泌物。在溃疡上覆有气味难闻干酪样的假膜或隆起的黄色"纽扣"。口腔病变可扩大连成一片。肝表面呈现硬质、白色至黄色的圆形或环行病灶。

2. 镜检 用口腔、嗉囊直接涂片，找出虫体即可确诊。在新鲜的涂片找不到虫体时，在培养基上接种培养，有助于诊断。

八、六鞭原虫病

1. 主要临诊症状 畏寒，排多泡沫水样粪，翅下垂，扎堆，后期水泻呈黄色。小肠膨胀、有炎症，肠内容物水样，有过量黏液和气体。肠腺窝内有大量的六鞭原虫。

2. 镜检 将十二指肠黏膜刮取物，用相差显微镜检查，可观察到大量火鸡六鞭原虫、活动很快，具有突进式动作。

九、涉禽嗜眼吸虫病

涉禽嗜眼吸虫病的主要临诊症状为眼结膜充血、糜烂，角膜混浊、充血，甚至化脓。眼睑肿大。结膜液内含有血液、虫卵、活动的毛蚴，眼内充满脓性分泌物，严重时双目失明、瘫痪、离群、消瘦。

嗜眼科吸虫的其他种类见表4-2。

表4-2 嗜眼科吸虫其他种类

序号	虫体	宿主	寄生部位	分布地区
1	中华嗜眼吸虫	鸭	瞬膜	江苏、广东
2	安徽嗜眼吸虫	鸭	眼结膜囊	安徽、浙江（永康）、广州
3	小肠嗜眼吸虫	鸭	小肠	广东（肇庆）
4	印度嗜眼吸虫	鸭	眼眶	广东
5	鸭嗜眼吸虫	鸭、鸡、鹅	眼结膜囊、瞬膜	广东、台湾
6	梨刺嗜眼吸虫	鸡、鸭	眼结膜囊	广东

（续）

序号	虫体	宿主	寄生部位	分布地区
7	普鲁士嗜眼吸虫	鸭、鹅、鸡	瞬膜	广东
8	翡翠嗜眼吸虫	鸭	瞬膜	广东
9	勒克瑙嗜眼吸虫	鸭	瞬膜	广东
10	潜鸭嗜眼吸虫	鸭	结膜囊	广东
11	赫根嗜眼吸虫	鸭	瞬膜	广东
12	霍夫卡嗜眼吸虫	鸭、鹅	结膜囊	广东
13	米氏嗜眼吸虫	鸡、鸭	眼眶	广东
14	麻雀嗜眼吸虫	鸭、麻雀	眼窝	广东
15	小鸮嗜眼吸虫	鸡、鸭	结膜囊	广东
16	穆拉斯嗜眼吸虫	鸡、鸭	结膜囊	广东
17	华南嗜眼吸虫	鸡、鸭	结膜囊	广东
18	梨形嗜眼吸虫	鸭	瞬膜	广东（肇庆）
19	小型嗜眼吸虫	鸭	结膜囊	广东
20	鹅嗜眼吸虫	鸭	结膜囊	广东（肇庆）
21	广东嗜眼吸虫	鸭	结膜囊	广东（肇庆）、浙江（永康）

注：甘孟候，《中国鸭鹅病学》。

十、舟形嗜气管吸虫病

　　舟形嗜气管吸虫病的主要临诊症状为大量寄生时，咳嗽、气喘、伸颈，张口呼吸。气管分泌物内可检出虫卵、毛蚴和成虫。

　　嗜气管科吸虫的其他种类见表4-3。

表4-3　嗜气管科吸虫其他种类

序号	虫体	宿主	寄生部位	分布地区
1	西佐夫嗜气管吸虫	鸭	气管	云南、台湾
2	肝嗜气管吸虫	鸭	胆囊	云南、台湾
3	马氏嗜眼吸虫	鸭、鹅	鼻腔、鼻泪管、额窦	福建、云南、浙江
4	瓜形盲腔吸虫	鸭	气管	台湾
5	小口环肠吸虫	鸭	胸腔	福建

十一、卷棘口吸虫病

卷棘口吸虫病的主要临诊症状为大量寄生时下痢、贫血、消瘦、生长发育受阻。剖检：出血性肠炎，黏膜损伤和出血，肠黏膜上附有大量虫体。该病在我国除西藏、青海外，均有报道。

棘口吸虫的其他种类见表4-4。

表4-4　棘口吸虫其他种类

序号	虫　体	宿主	寄生部位	分布地区
1	豆雁（鹅）棘口吸虫	鸭、鹅	盲肠	北京、江苏、浙江
2	大带棘口吸虫	鸭	肠道	福建、云南
3	宫川棘口吸虫	鸡、鸭、鹅	肠道	北京、福建、广东、江苏、湖南、安徽、四川、山东、河南、浙江、宁夏
4	小睾棘口吸虫	鸭、鹅、鸡	肠道	福建、江西、云南
5	接睾棘口吸虫	鸭、鹅、鸡	肠道	北京、江西、江苏、广东、福建、云南、四川、宁夏、安徽
6	强壮棘口吸虫	鸭、鹅	肠道	福建、台湾、北京、江苏、浙江、云南
7	小鸭棘口吸虫	鸭	肠道	福建、云南
8	史氏棘口吸虫	鸭	肠道	北京、浙江、云南
9	北京棘口吸虫	鸭	肠道	北京、江西、江苏
10	黑龙江棘口吸虫	鸭	肠道	黑龙江

十二、曲颈棘缘吸虫病

曲颈棘缘吸虫病的主要临诊症状为大量感染时发生肠炎，贫血，消瘦，两足无力，肠臌胀，产蛋下降。在小肠、盲肠可见到虫体。该病分布地区为福建、台湾、江苏、江西、湖南、陕西、安徽、浙江、云南、贵州、宁夏。

棘缘吸虫的其他种类见表4-5。

表4-5 棘缘吸虫其他种类

序号	虫 体	宿主	寄生部位	分布地区
1	中华棘缘吸虫	鸡	肠道	北京、浙江
2	鸡棘缘吸虫	鸡	肠道	福建、浙江、云南
3	台北棘缘吸虫	鸡	肠道	台湾
4	西伯利亚棘缘吸虫	鸡、鸭	肠道	福建、北京
5	带状棘缘吸虫	鸭	肠道	广州
6	建昌棘缘吸虫	鸭	肠道	四川（建昌）
7	棒状棘缘吸虫	鸭	肠道	台湾
8	微小棘缘吸虫	鸭、鸡	大肠、小肠	江苏、北京
9	圆睾棘缘吸虫	鸭	小肠、盲肠	黑龙江

十三、锥形低颈吸虫病

锥形低颈吸虫病的主要临诊症状为见于小肠，偶见于盲肠内。分布于江苏、浙江、广东、福建、台湾、江西、安徽、贵州、云南、四川、陕西、北京、吉林、宁夏。

低颈吸虫的其他种类见表4-6。

表4-6 低颈吸虫其他种类

序号	虫 体	宿主	寄生部位	分布地区
1	接睾低颈吸虫	鸭	肠道	黑龙江、云南
2	瓣睾低颈吸虫	鸭	肠道	福建、云南
3	鼠优真咽吸虫	鹅、鸭、鸡	小肠、盲肠	台湾、福建、广东、江苏
4	刺（枪）头棘隙吸虫	鸭	小肠	福建、江西、浙江
5	西昌棘隙吸虫	鸭	小肠	四川（西昌）
6	日本棘隙吸虫	鸭	小肠	北京、浙江、吉林、福建、南京
7	矮小棘隙吸虫	鸭	小肠	福建

十四、球形球盘吸虫病

球形球盘吸虫病的主要临诊症状为小肠充血、出血且后1/3处严重溃疡。分布于安徽、福建、浙江、江苏。

光口科球形吸虫的其他种类见表4-7。

表 4-7 光口科球形吸虫其他种类

序号	虫 体	宿主	寄生部位	分布地区
1	长刺光隙吸虫	鸭	小肠	北京、安徽、福建、广东、贵州、云南、陕西、台湾、江苏、山东、浙江、宁夏
2	尖尾光隙吸虫	鸭	小肠	北京、江苏、四川
3	有刺光孔吸虫	鸭	小肠	黑龙江
4	短光孔吸虫	鸭	小肠	福建

十五、优美异幻吸虫病

优美异幻吸虫病的主要临诊症状为寄生部位（胃、小肠）黏膜脱落，可见许多出血区，在血凝块中包含有虫体。宿主为鸡、鸭、鹅。分布地区为江苏、浙江、安徽、福建、江西、湖南、广东、云南、宁夏。

异幻吸虫的其他种类见表 4-8。

表 4-8 异幻吸虫其他种类

序号	虫 体	宿主	寄生部位	分布地区
1	圆头异幻吸虫	鸭	肠道	江苏、浙江、安徽、福建、江西、湖南、广东、云南、宁夏
2	小异幻吸虫	鸭	肠道	宁夏
3	角杯尾吸虫	鹅	肠道	吉林、江苏、浙江、安徽、福建、江西、湖南、广东、云南、宁夏
4	鄱阳拟鸮形吸虫	家鸭	小肠	江西（鄱阳湖）
5	鸭拟鸮形吸虫	鸭	肠道	江苏

十六、细背孔吸虫病

细背孔吸虫病的主要临诊症状为寄生于盲肠、直肠、小肠。大量寄生时肠黏膜发炎和损伤，贫血、生长发育受阻。分布于北京、天津、河北、山东、黑龙江、吉林、辽宁、江苏、上海、浙江、安徽、广东、台湾、江西、四川、贵州、云南、陕西、新疆、宁夏、湖北。

背孔属吸虫的其他种类见表 4-9。

表4-9　背孔属吸虫其他种类

序号	虫种	宿主	寄生部位	分布地区
1	肠背孔吸虫	鸭、鹅	盲肠	浙江、江苏、云南
2	嘴鸥背孔吸虫	鸡、鹅	盲肠、小肠	江西、江苏
3	徐氏背孔吸虫	鸭、鹅	盲肠、直肠	北京、江西、广东
4	小卵形背孔吸虫	鹅	大肠	安徽、浙江
5	秧鸡背孔吸虫	鹅	盲肠	江苏、江西
6	沼泽背孔吸虫	鹅	盲肠	江苏
7	囊突背孔吸虫	鸭	肠道	浙江
8	鳞选背孔吸虫	鸭、鸡	盲肠	北京、江西、广州
9	网卵形背孔吸虫	鹅	直肠	安徽
10	线样背孔吸虫	鸡、鸭、鹅	盲肠	云南
11	鹊鸭同口吸虫	鸭	盲肠	黑龙江
12	卵形同口吸虫	鸭	肠道	江苏
13	多疣下殖吸虫	鸭、鹅	大肠	山东、浙江
14	长肠微茎吸虫	家鸭	小肠	广东
15	假叶肉茎吸虫	家鸭	小肠	广东
16	中华新马蹄吸虫	家鸭	小肠	广东
17	马坎似蹄吸虫	家鸭	小肠	广东
18	陈氏假拉吸虫	家鸭	小肠	广东

十七、凹形隐穴吸虫病

凹形隐穴吸虫病的主要临诊症状为虫体寄生于小肠肠腺窝的深部，肠黏膜绒毛脱落。宿主鸭、鸡、火鸡。分布于福建、四川、江苏、浙江。

异形科、杯叶科、双腔科吸虫的其他种类见表4-10。

表4-10　异形科、杯叶科、双腔科吸虫其他种类

序号	虫体	宿主	寄生部位	分布地区
1	陈氏前角囊吸虫	家鸭	小肠	广东
2	东方杯叶吸虫	鸭	小肠	北京、福建、广东、江苏、江西、浙江、四川
3	纺锤杯叶吸虫	家鸭	小肠	黑龙江
4	塞氏杯叶吸虫	鸭	小肠	江西、北京
5	柳氏全冠吸虫	家鸭	小肠	福建
6	日本全冠吸虫	家鸭	小肠	浙江
7	矛形平体吸虫	红腹锦鸡	肝胆管	四川（成都）

十八、东方次睾吸虫病

东方次睾吸虫病的主要临诊症状为贫血，消瘦。鸭胆囊肿大，囊壁增厚，胆汁变质或消失。宿主鸡、鸭、鹅、鹌鹑，寄生部位在胆管、胆囊。分布于北京、天津、河北、江苏（南京）、江西、上海、山东、安徽、福建、广西、广东、四川、陕西、宁夏、浙江、台湾。

后睾科吸虫的其他种类见表 4-11。

表 4-11 后睾科吸虫其他种类

序号	虫 体	宿主	寄生部位	分布地区
1	台湾次睾吸虫	鸭	胆管、胆囊	上海、广东、云南、福建、江西、四川、浙江、宁夏、台湾、吉林
2	黄体次睾吸虫	鸭、鸡	胆管、胆囊	江苏、安徽、江西、云南、广东、北京
3	肇庆次睾吸虫	鸭	胆管、胆囊	广州
4	鸭后睾吸虫	鹅、鸭、野鸭	肝胆管	北京、天津、江苏、上海、福建、广州、云南、安徽
5	细颈后睾吸虫	鹅、鸭	胆囊	浙江、广东、四川、杭州
6	拟后睾吸虫	鸡、鸭、鹅	胆管、胆囊	湖南、贵州、江西
7	广州后睾吸虫	鸭	胆管、胆囊	广州
8	鸭对体吸虫	鸭、鸡、野鸭	肝胆管	云南、安徽、广东、福建、江苏、湖南、四川、贵州、江西、吉林、浙江、宁夏
9	长形对体吸虫	鸭	肝胆管	四川

十九、布氏（副顿水）顿水吸虫病

布氏（副顿水）顿水吸虫病的主要临诊症状为虫体寄生于肾、输尿管，引起肾壁增厚、肾集合管扩张。宿主为鸡、火鸡、鸽。分布于云南。

真杯科吸虫的其他种类见表 4-12。

表 4-12 真杯科吸虫其他种类

虫 体	宿主	寄生部位	分布地区
白洋淀真杯吸虫	鸭	肾	河北、浙江

二十、楔形前殖吸虫病

楔形前殖吸虫病的主要临诊症状为虫体寄生于腔上囊、输卵管、泄殖腔、直肠，偶见于鲜蛋内。刺激输卵管黏膜，破坏腺体正常功能，形成畸形蛋、软壳蛋、无壳蛋，排石灰质液体。严重时，致使炎性物质、石灰质、蛋白因输卵管逆蠕动流入腹腔引起腹膜炎而死亡。宿主为鸡、鸭、鹅、野鸭、野鸟。分布于北京、天津、辽宁、吉林、江苏、江西、湖南、湖北、安徽、福建、陕西、新疆、云南、四川、广东、台湾。

前殖科吸虫的其他种类见表 4-13。

表 4-13　前殖科吸虫其他种类

序号	虫体	宿主	寄生部位	分布地区
1	稀前离殖孔吸虫	绿头鸭	腔上囊	天津
2	卵圆前殖吸虫	鸡、鸭、鹅	腔上囊、输卵管、鸡蛋	天津、陕西、江苏、福建、江西、湖南、广东、台湾
3	透明前殖吸虫	鸡、鸭、鹅、野鸭	输卵管、腔上囊	天津、北京、辽宁、上海、江苏、浙江、安徽、江西、山东、湖南、福建、广东、广西、四川、贵州、陕西、云南、台湾
4	窦氏前殖吸虫	鸭、多种鸟	直肠、鸡蛋	广东、四川
5	日本前殖吸虫	鸡	输卵管、腔上囊	北京、江苏、四川（成都）、广东、台湾
6	鲁氏前殖吸虫	鸡、鸭、鹅	鸡蛋、输卵管	福建、四川、广东、云南、江苏、安徽、陕西、浙江
7	家鸭前殖吸虫	鸡、鸭	腔上囊、输卵管、鸡蛋	江西、四川、贵州、福建、浙江、宁夏、广东、云南、台湾、江苏、安徽
8	斯氏前殖吸虫	鸡、鸭	腔上囊、输卵管	广东
9	卡罗前殖吸虫	鸭	腔上囊、输卵管	广东
10	巨睾前殖吸虫	鸭、鹅	腔上囊	广东
11	霍香前殖吸虫	鸭	腔上囊	台湾
12	布氏前殖吸虫	鸭	腔上囊	辽宁
13	李氏前殖吸虫	鸭	蛋	苏州
14	东方前殖吸虫	鸭	蛋	昆明
15	彭氏前殖吸虫	鸭	腔上囊	昆明

（续）

序号	虫体	宿主	寄生部位	分布地区
16	中华前殖吸虫	鸭	腔上囊	昆明
17	大腹盘前殖吸虫	鸡	输卵管	四川
18	卵黄腺前殖吸虫	鸡	输卵管	四川
19	辛氏前殖吸虫	池鹭	输卵管	四川
20	环颈前殖吸虫	环颈雉	腔上囊	吉林
21	贵阳前殖吸虫	灰头麦鸡	蛋	贵阳

二十一、包氏毛毕吸虫病

包氏毛毕吸虫病的主要临诊症状为寄生于肝门静脉、肠系膜静脉。病禽消瘦、发育受阻。能引起肠黏膜发炎。严重感染时，肝、胰、肾、肠壁和肺均能发现虫体和虫卵，肠壁上有小结节。当尾蚴侵入人的皮肤，能引起尾蚴性皮炎（稻田皮炎），手足发痒，并出现红色丘疹、红斑和水疱。宿主为鸭、鹅等水禽。分布于吉林、黑龙江、福建、浙江、江西、广东、四川。

分体科吸虫的其他种类见表4-14。

表4-14　分体科吸虫其他种类

序号	虫体	宿主	寄生部位	分布地区
1	集安毛毕吸虫	鸭	肝门、肠系膜静脉	浙江、江苏
2	横川毛毕吸虫	鸭	肝门、肠系膜静脉	台湾

鸭鹅感染吸虫后，一般是以粪便中发现有盖的吸虫卵为依据，流行病学资料和临诊症状可作为参考。虫卵检查的方法以反复水洗沉淀法为效果最好。死后剖检在寄生部位（眼结膜囊、鼻腔、鼻泪管、气管、支气管、小肠、盲肠、直肠、泄殖腔、胃、肝胆管、胆囊、肾、腔上囊、输卵管等）发现虫体即可确诊。

二十二、冠状膜壳绦虫病

冠状膜壳绦虫病的主要临诊症状为寄生于小肠后段、盲肠。主要危害雏鸭，常呈地方性流行，雏鸭消瘦，甚至发生大批死亡。宿主鹅、鸭、鸡和多种野水禽。分布于福建、吉林、江苏、台湾、云南、宁夏。

绦虫的其他种类见表4-15。

表4-15　绦虫其他种类

序号	虫体	宿主	寄生部位	分布地区
1	秋沙鸭双睾绦虫	鸭、野鸭	小肠	黑龙江
2	鸭双睾绦虫	鸭	肠道	福建、湖南、云南、安徽
3	台湾双睾绦虫	鸭	肠道	台湾
4	斯氏双睾绦虫	鸭、鹅	肠道	福建、江苏、浙江
5	片形绉缘绦虫	鸭、野鸭、鹅	小肠	北京、福建、广西、云南、江苏、浙江、江西、湖北、四川、陕西、宁夏、台湾
6	缩短膜壳绦虫	鸭、鹅	肠道	福建、江苏、宁夏
7	环状膜壳绦虫	鸭、野鸭、鹅	肠道	福建、台湾、云南、江西
8	副小体微吻绦虫	鸭	肠道	福建、江苏、宁夏
9	三睾微吻绦虫	鸭	肠道	北京
10	线样微吻绦虫	鸡	小肠	宁夏、安徽
11	矛形膜壳绦虫	鸭、鹅、野鸭	肠道	上海、江苏、浙江、福建、江西、湖南、山东、广西、四川、云南
12	巨头膜壳绦虫	野鸭、鹅	泄殖腔、法氏囊	宁夏、台湾
13	普氏剑带绦虫	鸭、鹅	小肠	福建、江苏、云南、浙江
14	包成膜壳绦虫	鸡	肠道	福建
15	分枝膜壳绦虫	鸡	肠道	宁夏
16	角额膜壳绦虫	鸭	肠道	台湾
17	伪狭膜壳绦虫	鸭	肠道	福建、江苏、宁夏、江西
18	威尼膜壳绦虫	鸭	小肠	福建、江西
19	模式幼壳绦虫	鸭	肠道	黑龙江
20	叉棘单睾绦虫	鸭	小肠	福建、陕西
21	陕鸡单睾绦虫	鸭	小肠	福建、云南
22	片形膜钩绦虫	鹅	肠道	福建、江苏
23	纤小膜钩绦虫	鸡	小肠	福建、山东、湖南、江苏、陕西、台湾
24	格蓝膜钩绦虫	鸭	小肠	台湾
25	长囊膜钩绦虫	鹅	小肠	北京
26	大岛膜钩绦虫	鸭	小肠	台湾

（续）

序号	虫　体	宿主	寄生部位	分布地区
27	沙氏那壳绦虫	鸭	肠道	北京
28	纤细幼钩绦虫	鸭、鹅	肠道	福建、江苏、浙江、吉林、山东、台湾、云南、宁夏
29	弱幼钩绦虫	鸭、鹅	肠道	北京、福建
30	八幼钩绦虫	鸭	肠道	福建、江苏、云南、江西、宁夏
31	朴实隐孔绦虫	鸡	小肠	北京
32	长针壳绦虫	鹅	肠道	北京
33	细刺柴壳绦虫	鹅	肠道	福建、江苏、宁夏
34	肠舌形绦虫	鸭、鹅	肠道	台湾

禽绦虫病的诊断常用剖检法。在充足的光线下，剪开肠道，可发现白色带状的虫体或散在的节片。如把肠道放在较大的带黑底的水盘中更易辨认虫体。剥离头节时，用手术刀割下带虫节的黏膜，并在解剖镜下用两根针剥离黏膜。对细长的膜壳绦虫，必须快速挑出头节，以防其自解。

检出的绦虫成虫，可用下述方法处理后观察。

1. 将头节和虫体末端的孕卵节直接放入乳酸苯酚液（乳酸1份、石炭酸1份、甘油2份、水1份）中，透明后在显微镜下观察。为了在高倍显微镜下检查头节上的小钩，可在玻片上滴加一滴 Hoyer 氏液（蒸馏水50毫升、阿拉伯胶30克、水化氯醛200克、甘油20克）使头节透明。有时为了及时诊断，可用生理盐水或常水做成临时的头节压片，即可做出鉴定。

2. 取成熟节片直接（不经固定）置于醋酸洋红液（用45%醋酸配制的洋红饱和溶液97份，再加用冰醋酸配制的醋酸铁饱和液3份，临用时配制）中染色4～30分钟移入乳酸苯酚液中使节片透明，然后在显微镜下观察。

虫体的鉴别还需要在高倍显微镜下测量节片的长度、宽度，以及头节顶突或吸盘钩及虫卵的大小和六钩蚴的钩长。

通过活禽粪便可找到白色小米粒样的孕节片。某些绦虫（如膜壳绦虫）的虫卵可散在于粪便的涂片中。

二十三、鹅裂口线虫病

鹅裂口线虫病的主要临诊症状为幼鹅食欲消失，消瘦、迟钝。剖检肌胃（寄生部位）黏膜坏死、松弛，多处发生黏膜脱落，虫体附近区呈暗蓝色或黑色。分布于英国、俄罗斯、中国。

鸭毛细线虫寄生于火鸡、鸭、鹅的盲肠。分布于欧洲及美国、中国。

二十四、环形毛细线虫病

环形毛细线虫病的主要临诊症状为寄生于鸡、火鸡、鹅、松鸡、雉的食管、嗉囊。病禽食欲不振，消瘦，肠炎，贫血。剖检：食管、嗉囊黏膜增厚、粗糙、高度软化，成团的虫体主要集中在剥脱的组织内。分布于世界各地。

二十五、膨尾毛细线虫病

膨尾毛细线虫病的主要临诊症状为寄生于火鸡、鹅、鸭、鸽的小肠。严重感染时，病禽委顿、食欲不振、消瘦、肠炎。分布于美国等国家。

二十六、捻转毛细线虫病

捻转毛细线虫病的主要临诊症状为寄生于火鸡、鸭、北美鹑、雉的食管、嗉囊。病禽垂头、消瘦、虚弱、站立不动。剖检：轻度感染时食管、嗉囊发炎。严重感染时，黏膜显著增厚和发炎，黏膜上附有絮状渗出物，黏膜不同程度剥落，更严重时虫体可能侵袭到食管上部和口腔。分布于美国、俄罗斯、中国。

二十七、钩刺棘尾线虫病

钩刺棘尾线虫病的主要临诊症状为寄生于野鸭、鹅、鸭的食管、腺胃、肌胃、小肠，也曾见于气囊。病禽精神不振、消瘦，有时未现症状而突然死亡。剖检：腺胃出现结节，慢性时结节内含有脓汁，但虫体已经消失。分布于美国、加拿大。

二十八、裂刺四棱线虫病

裂刺四棱线虫病的主要临诊症状为寄生于鸡、火鸡、鸭、鹅、野鸭、野鹅、珍珠鸡、鸽的腺胃。剖检：腺胃腺体变性、水肿和广泛的白细胞浸润。分布于美洲。

二十九、鸟类圆线虫病

鸟类圆线虫病的主要临诊症状为寄生于鸡、火鸡、鹅、松鸡、鸭、长尾雪鸟的盲肠，有时寄生小肠。病禽排泄物稀薄、带血。剖检：盲肠肠壁增厚。分布于南美洲和北美洲。

三十、支气管杯口线虫病

支气管杯口线虫病的主要临诊症状为寄生于鹅、鸭、野鹅、天鹅、鹳的气管、支气管。呈犬坐姿势，张口呼吸，呼吸困难，每分钟达 60 次。严重时呼吸障碍，不久死亡。病程可延至 5 个月以上。家鹅发病率可达 80％，病死率达 20％。分布于欧洲及美国、俄罗斯。

三十一、气管比翼线虫病

气管比翼线虫病的主要临诊症状为寄生于鸡、火鸡、鹅、珍珠鸡、雉、孔雀、鹑的气管、支气管、细支气管，气管炎时病禽分泌大量黏液，口内充满多泡沫状唾液，食欲减退，消瘦，精神不振，伸颈，张口呼吸，头部不断左右摇摆，常因窒息而死。剖检：肺瘀血，水肿，大叶性肺炎，成虫头部侵入气管黏膜下层吸血。分布于世界各地，我国南方地区尤为常见。

三十二、孟氏尖旋尾线虫病

孟氏尖旋尾线虫病的主要临诊症状为寄生于火鸡、孔雀、鸭、鸽的眼睛（瞬膜、结膜囊和鼻泪管）。病禽发生眼炎，流泪，瞬膜肿胀，表现不安，用爪抓眼，眼球不断转动（眼中排异物），有时眼睑粘连，眼睑下积有白色乳酪样物质。分布于美国夏威夷、中国部分地区。

三十三、台湾乌蛇线虫病

台湾乌蛇线虫病的主要临诊症状为寄生于家鸭的皮下结缔组织。主要侵害 3～8 周龄雏鸭。寄生部位长起小指或拇指头大小的圆形结节，逐渐增大，压迫腮、咽喉及附近气管、食管、神经、血管，引起吞咽、呼吸困难，声音嘶哑。如寄生在腿部皮下则引起行走障碍。因采食不饱而消瘦、生长发育不良。病雏鸭多在 10～20 天死亡。分布于印度、北美洲及中国南方。

三十四、四川乌蛇线虫病

四川乌蛇线虫病的主要临诊症状为寄生于家鸭的皮下结缔组织（腭下及后肢处最多）。凡超过 80 日龄者不再出现症状。秋季幼鸭出现瘤样肿胀病灶，以腭下和两肢为最多，凡接触疫水的眼、颈、额顶、颊、嗉囊部、胸、腹、泄殖腔周围均出现病灶。分布于四川乐山、宜宾。

线虫的诊断可根据三方面情况做综合判断：①观察临诊症状，如支气管杯口线虫发生典型的呼吸困难症状；②剖检发现虫体和相应的病变；③粪便检查发现大量虫卵（常用的方法为饱和盐水漂浮法）。

三十五、大多形棘头虫病

大多形棘头虫病的主要临诊症状为寄生于鸭、鹅、鸡、天鹅的小肠前段。虫体以吻突牢固附着在肠壁上，引起不同程度的炎症，易造成肠穿孔而引起腹膜炎。剖检：可看到肠黏膜上突出的黄白色小结节和虫体。分布于广东、广西、湖南、四川、贵州、云南。

小多形棘头虫寄生于鸭、鹅、野鸟的小肠。分布于江苏、陕西、台湾。

三十六、鸭细颈棘头虫病

鸭细颈棘头虫病的主要临诊症状为寄生于鸭、鹅、野水禽的小肠。雏鸭食欲下降，精神不振，步态不稳，生长发育停滞，严重时可在感染后 7～8 天发生死亡。剖检：可见小肠黏膜上有豌豆大结节，黏膜肿胀，充血、溢血，小肠壁上布满虫体，有时可见虫体穿透肠壁，并造成腹膜炎。

生前诊断可根据当地流行病学情况、临诊症状，以及粪便检查结果进行综合判断，粪便可用离心沉淀法或离心漂浮法找到虫卵。死后可做病理剖检，在小肠壁上找到虫体即可确诊。

第四节　营养缺乏、代谢类疾病

一、维生素 A 缺乏症

　　维生素 A 缺乏症的主要临诊症状为运动失调，毛松乱，生长缓慢，喙和小腿黄色消退，流泪，眼睑内有干酪样物积聚，角膜软化，口腔黏膜有白色小结节，受惊易发生神经症状：头颈扭曲、转圈、头藏于翅下、惊叫。剖检：口腔、咽喉黏膜散布白色小结节，上覆豆腐渣样薄膜，剥去薄膜无出血溃疡现象（此与白喉区别）。肾灰白色，肾小管和输尿管充塞着尿酸盐沉积物，心包、肝、脾表面也有尿酸盐沉积。

　　确诊可测定血浆和肝维生素 A 含量（正常皆在每升血液 0.3 微摩尔以上），测定血液尿酸含量明显增高。

二、维生素 D 缺乏症

　　维生素 D 缺乏症的主要临诊症状为生长迟缓，骨骼极度软弱，喙与爪变软，行走吃力，体躯向两边摇摆。母禽缺乏维生素 D 2～3 个月才开始出现症状。薄壳、软壳蛋显著增多。产蛋异常和恢复正常交替出现，并形成几个周期，不能走动，状如企鹅蹲伏。剖检：雏禽肋骨与脊椎连接处呈球状，成年禽骨骼软，容易折断，肋骨内侧硬软肋连接处有球状结节。胫骨用硝酸银染色，可显示出胫骨的骨骼有未钙化区。

三、维生素 E 缺乏症

　　维生素 E 缺乏症的主要临诊症状为孵化率显著降低，常在孵化的第 7 天前胚胎死亡率最高。胚胎晶状体混浊和角膜有斑点。有脑软化症，最早 7 日龄，最迟 56 日龄出现共济失调，头向后向下挛缩，两腿呈急收缩与急放松神经紊乱特征。剖检：脑膜、小脑、大脑充血、水肿，水肿后毛细血管出血、形成血栓。死于渗出性素质，可见贫血、皮下水肿，透过皮肤可看到蓝绿色黏性液体、心包积液、心脏扩张。

　　根据日粮分析、发病史、流行特点、临诊症状和病理变化做出诊断。

四、维生素 K 缺乏症

维生素 K 缺乏症的主要临诊症状为身体不同部位出血，出血时间长、面积大（特征性症状）。冠髯苍白、贫血。种禽维生素 K 缺乏时孵化中的胚胎死亡率高。

依据病史调查、日粮分析、病禽日龄、出血症状、凝血时间（延长）、出血病变分析即可确诊。

五、维生素 B_1 缺乏症

维生素 B_1 缺乏症的主要临诊症状为呈"观星"姿势，头向背后极度弯曲，呈角弓反张状，腿麻痹不能站立，以跗关节和尾着地。剖检：皮肤广泛水肿，肾上腺肥大，睾丸或卵巢萎缩。

根据日龄、流行病学特点、饲料缺乏维生素 B_1、临诊出现多发性外周神经炎的特征性症状即可做出诊断。

可用荧光法测定原理，测定血、尿、组织及饲料中硫胺素的含量，即可确诊。

六、维生素 B_2 缺乏症

维生素 B_2 缺乏症的主要临诊症状为足趾向内蜷曲，不能行走，跗关节着地，开展翅膀维持身体平衡，两腿发生瘫痪，腿部肌肉萎缩松弛，皮肤干而粗糙（特征性症状）。死胚皮肤呈结节状绒毛，颈部弯曲，身体短小，关节变形、水肿、贫血。剖检：肠黏膜萎缩，坐骨、臂神经肿大变软，坐骨神经比正常大 $4\sim5$ 倍。

根据发病经过、日粮分析、足趾向内蜷曲、两脚瘫痪和病理变化即可做出诊断。

七、泛酸缺乏症

泛酸缺乏症的主要临诊症状为头部羽毛脱落，趾间、脚底发炎，表层皮肤脱落并发生皲裂，行走困难，口腔内有脓样物质（特征性症状）。剖检：腺胃有灰白色渗出物。肝肿大、淡黄至污黄色。孵化期的胚胎最后 2～3 天死亡，胚胎短小，皮下出血水肿，肝发生脂肪变性。

八、烟酸缺乏症

烟酸缺乏症的主要临诊症状为生长停滞、发育不全、羽毛稀少，皮肤发炎并有化脓结节，腿部关节肿大，腿骨粗短弯曲。剖检：胃和小肠黏膜萎缩，盲肠黏膜上有豆腐渣样覆盖物，肠壁增厚而易碎。

根据日粮分析、发病经过、临诊特征和病理变化综合分析后即可做出诊断。

九、维生素 B_6 缺乏症

维生素 B_6 缺乏症的主要临诊症状为生长不良、贫血，有特征性神经症状（颤动，多以强烈痉挛抽搐而死）。剖检：内脏器官肿大，脊髓和外周神经变性。

十、叶酸缺乏症

叶酸缺乏症的主要临诊症状为生长停滞、贫血、羽毛生长不良或色素缺乏，成年禽产蛋率、孵化率降低，死亡胚喙变形和跗骨弯曲。剖检：肝、脾、肾贫血，胃有小出血点，肠黏膜出血性炎。

十一、维生素 B_{12} 缺乏症

维生素 B_{12} 缺乏症的主要临诊症状为生长缓慢，食欲降低，贫血，特征性的病变是禽胚生长缓慢、体形短小，皮肤呈弥漫性水肿，肌肉萎缩，心脏扩大，形态异常，甲状腺肿大，肝脂肪变性，卵黄囊、心、肺均有广泛出血。

十二、胆碱缺乏症

胆碱缺乏症的主要临诊症状为雏禽生长停滞、关节肿大、骨粗短，初期跗关节肿胀、有出血点，后期胫跗关节变平，由于跗骨继续扭转和变弯曲成弓

形。剖检：肝肿大、色黄、质脆、表面有出血点，有的被膜破裂，甚至发生肝破裂致急性内出血而突然死亡。

十三、生物素缺乏症

生物素缺乏症的主要临诊症状为雏禽生长迟缓，食欲不振，羽毛干燥变脆，趾爪、喙底及眼周围皮肤发炎。鸡胚胫骨短和后屈，翅短、颅骨短、肩胛骨前端短和弯曲，发生并趾症。

十四、钙磷缺乏及比例失调

钙磷缺乏及比例失调的主要临诊症状为病禽喜蹲伏不愿走动，步态僵硬，食欲不振，异嗜，生长发育迟滞，喙与爪较易弯曲，肋骨末端呈串珠状结节，跗关节肿大，产薄壳蛋、软壳蛋，后期胸骨呈 S 状弯曲。骨质疏松，骨易折断。

血磷低于最低水平（每 100 毫升血液含 3 毫克），血钙在后期降低。X 线检查骨密度降低。

十五、锰缺乏症

锰缺乏症的主要临诊症状为生长停滞，骨短粗，胫跗关节增大，胫骨下端和跖骨上端弯曲扭转，脱腱。胚胎大多快要出壳时死亡，体躯小，骨骼发育不良，翅短，腿短而粗，头呈圆球样。喙弯曲如鹦鹉嘴。剖检：骨骼粗短，管骨变形，骺肥厚，骨板变薄，剖面可见密质骨多孔，在骺端尤其明显。

十六、镁缺乏症

镁缺乏症的主要临诊症状为日粮中缺镁 1 周后即停止生长，出现昏睡，受惊后气喘、惊厥，然后转入昏迷。

饲料中钙增加可抑制镁吸收，草酸、植酸也有同样作用。

十七、硒缺乏症

硒缺乏症的主要临诊症状为渗出性素质、肌营养不良，胰腺变性和脑软化。雏禽胸腹低垂，皮下出现淡蓝绿色水肿，腿、翅根部也可发生水肿，严重时扩至全身，伏卧不动，起立困难，两腿叉开，冠髯苍白。剖检：水肿部有淡黄绿色胶冻样渗出物或淡黄绿色纤维蛋白凝结物，颈、腹、股内侧有凝血斑。病变肌肉变性，色淡似煮肉样，呈灰黄、黄白色的点状、条状、片状不等，横断面有灰白色、淡黄色斑纹，质地变脆、变软、钙化。心内外膜下有黄白色或灰白色与肌纤维方向平行的条纹斑。肝肿大，硬而脆，表面粗糙，断面有槟榔样花纹。肾充血肿胀，实质有出血点和灰色的斑状灶。胰变性、萎缩、坚实、色淡，多呈淡红色或淡粉红色，严重的腺泡坏死、纤维化。

全血硒含量低于 0.05 微克/毫升为硒缺乏，在 0.05～0.1 微克/毫升为缺硒边缘。血液中谷胱甘肽过氧化酶（GSH‑Px）活性的测定可作为快速评价动物体内硒状态的指标（其值与血硒水平成正相关）。

十八、家禽痛风

家禽痛风的主要临诊症状为逐渐消瘦、冠苍白，排白色黏液状稀粪，多在趾前关节，跛行。也可侵害腕前、腕及肘关节，关节病久有豌豆大结节，破裂有干酪样物。剖检：在胸膜、腹膜、心包、肺、肝、脾、肾、肠及肠系膜表面有一层石灰样的白色絮状物质（尿酸钠结晶），曾见心包内有此结晶片。

采血检测病禽尿酸的量，并采取关节内容物进行化验，呈紫尿酸铵阳性反应。镜检可见细针状和禾束状尿酸钠结晶或放射状尿酸钠结晶，即可确诊。

第五节　中　　毒

一、磺胺类药物中毒

磺胺类药物中毒的主要临诊症状为厌食，饮欲增加，腹泻，冠苍白，有时头部肿大呈蓝紫色。产蛋率下降，棕色蛋壳褪色，产软蛋，溶血性贫血。剖检：皮下有大小血斑，胸肌弥漫性出血，肠有弥漫性出血斑点，盲肠内可能含有血液，肌胃可能出血。肝肿大、紫红或黄褐色，表面有出血斑，胆囊肿大，肾肿大、土黄色，表面有紫红出血斑，输尿管充满尿酸盐，肾盂、肾小管中常见磺胺结晶。脾肿胀、有出血性梗死和灰色结节区。心肌有刷状出血和灰色结节区，心外膜出血。脑充血水肿。骨髓淡红色或黄色。

取尿液 1 毫升加入小试管内，加入 1 滴浓盐酸，另取新纸，用玻璃棒蘸上述检测液，快划条纹，如是阳性，即显深黄色或橙色（正常尿现黄色）。当呈暗淡黄色时，磺胺类药物含量少于 0.01％，深黄色约为 0.05％，橙黄色约为 0.1％，深橙色为 0.25％以上。试验时最好有对照管（1 毫升水加 1 滴浓盐酸）进行对比观察，准确性较高。

二、呋喃类药物中毒

呋喃类药物中毒的主要临诊症状为雏禽沉郁，闭眼缩颈，呆立或兴奋，鸣叫，有的头颈反转，扇动翅膀做转圈运动，倒地站立不起，两腿做游泳动作。成年鸡呆立，走路摇晃，有的头颈反转做回旋运动，不断点头颤动，倒地站立不起，痉挛抽搐，角弓反张至死。剖检：口腔充满黄色黏液，嗉囊扩张，肌胃角质层部分脱落。病程较久，出血性肠炎，肌胃内容物黄色，肝充血、肿大，胆囊扩张。

取残留药物或二甲基甲酰胺提取液滴于滤纸或瓷板上，加 1 滴 20％氢氧化钠，呋喃唑酮呈红色，硝基呋喃妥因显橘黄色逐渐变为橙红色，呋喃丙胺也显红色，但加热能促使水解所放出的异丙胺将湿润的 pH 试纸变蓝。

三、氯化钠中毒

氯化钠中毒的主要临诊症状为病禽大多行走困难或不能站立、走动，两脚无力，末梢麻痹，甚至瘫痪，无食欲，饮欲增强，口鼻流大量分泌物，嗉囊扩张。下痢，呼吸困难，卧地挣扎，站立不起。病鸭头颈扭转，胸腹朝上无法站立。剖检：嗉囊充满黏液，黏膜易脱落，腺胃、小肠有出血性炎。脑膜血管扩张，有出血点，心包积液，心外膜有出血点，肝瘀血、有出血斑点，皮下组织和肺有水肿。肾、输尿管和排泄物中有尿酸沉着。

调查饲料中含氯化钠的比例、饲喂方法、病史、流行病学、症状和病理变化分析即可做出诊断。

取嗉囊或肌胃内容物 25 克放入烧杯内，加蒸馏水 200 毫升并常振荡，然后再加蒸馏水至 250 毫升，过滤，取滤液 25 毫升，加 1％刚果红（或溴酚蓝）溶液 5 滴作指示剂，再用 0.1 摩尔/升硝酸银溶液滴定，至开始出现沉淀、液体至微透明为止。每毫升 0.1 摩尔/升硝酸银溶液相当于 0.00585 克食盐，因此硝酸银溶液消耗的毫升数乘以 0.234 即为食盐含量的百分比。

四、一氧化碳中毒

一氧化碳中毒的主要临诊症状为病禽流泪、呕吐、咳嗽，心动过速，呼吸困难。重度中毒的，体内碳氧血红蛋白可达 50%，病禽呆立、瘫痪、昏睡、困难，头向后伸，死前发生痉挛和惊厥。剖检：各脏器内血液呈鲜红色，表面有出血点。

根据病史、症状及病理变化即可做出诊断。

采禽血化验的方法有以下几种：

1. 氢氧化钠法 取血液 3 滴，加 3 毫升蒸馏水稀释，再加入 10% 氢氧化钠溶液 1 滴，如有碳氧血红蛋存在，则呈淡红色而不变，而对照的正常血液则变为棕绿色。

2. 片山氏试验 取蒸馏水 10 毫升，加病鸡血液 5 滴摇匀，再加硫酸铵溶液 5 滴使其呈酸性。病禽血液呈玫瑰红色，而对照的正常血液呈柠檬色。

3. 鞣酸法 取血液 1 份溶于 4 份蒸馏水中，加 3 倍量的 1% 鞣酸溶液摇匀。病禽血呈洋红色，而正常血液数小时后呈灰色，24 小时后最显著。也可取血液用水稀释 3 倍，再用 3% 鞣酸溶液稀释 3 倍，剧烈振荡混合，病禽血液可产生深红沉淀，正常禽血液则产生绿褐色沉淀。

上述方法都不要用草酸盐抗凝的血样，毒物检验最好选用两种以上方法。

五、棉籽饼中毒

棉籽饼中毒的主要临诊症状为产蛋率、孵化率降低，蛋清发红色，蛋黄呈茶青色。翅、腿无力，衰弱甚至抽搐，呼吸与循环衰竭。血红蛋白和红细胞含量下降。剖检：有胃肠炎，肝变色，有蜡质样色素沉积，胆囊和胰腺增大。心外膜出血，肺水肿，胸腹腔积液。卵巢和输卵管高度萎缩。

长期喂未经去毒的棉籽饼，结合症状和剖检所见的病理变化即可诊断。

六、黄曲霉毒素中毒

黄曲霉毒素中毒的主要临诊症状为雏鸭废食，步态不稳，共济失调，颈肌痉挛，出现角弓反张而死亡。剖检：急性肝肿大，弥漫性出血和坏死，亚急性、慢性肝细胞增生、纤维化、硬变，肝缩小。病程 1 年以上，出现肝细胞瘤、肝细胞癌、胆管癌。

血液检验发现低蛋白血症，红细胞明显减少，白细胞增多，凝血时间延长。

取可疑饲料（玉米、花生）2～3 千克分批薄摊于盘内，直接用 365 毫米波长的紫外线灯照射，如果样品中有黄曲霉毒素 G_1、G_2，可见到含 G 族毒素的饲料颗粒发出亮黄绿色荧光，如含 B 族毒素，则可见蓝紫色荧光。若看不到荧光，可将颗粒捣碎后再观察。

动物试验：将检材进行浸提处理，过滤，用滤液灌服 1～2 日龄雏鸭，剂量大者，如为阳性，可迅速出现症状甚至死亡。剂量小的也很快出现症状。阳性时，剖检（一般在服后 4～5 天剖检）可见胆管上皮增生的特征性病变。本法如与其他方法配合使用，结果比较可靠。

七、肌胃糜烂病

肌胃糜烂病的主要临诊症状为厌食、毛松乱，闭眼、缩颈、伏卧、消瘦、贫血，生长发育停滞，用手触诊嗉囊或将禽倒提，从口中流出黑褐色黏液。喙和脚黄色素消失，排稀粪或黑褐色软粪。剖检：嗉囊充满黑色液体，腺胃体积增大，胃壁增厚、松弛，有黑色黏液。肌胃壁变薄、松软，内容稀薄呈黑褐色，砂粒极少或无，类角质变色，皱襞增厚，深部出现小出血点，糜烂和溃疡逐渐扩大，可造成胃穿孔（接近十二指肠胃壁较薄处），十二指肠出血性炎，黏膜表层坏死。

根据饲料中鱼粉含量、发病特点、病理变化、更换鱼粉等防治措施即可做出诊断。

八、喹乙醇中毒

喹乙醇中毒的主要临诊症状为减食，缩头，冠紫黑色，排黄白稀粪，死前痉挛。剖检：口腔内多量黏液，血液凝固不良，心外膜严重充血、出血，心肌出血。腺胃黏膜色黄易脱落，充血间有出血、溃疡，肌胃角质下有出血，腺胃、肌胃间有出血带。小肠有出血性炎，盲肠、扁桃体肿胀、出血。肝肿大 2～3 倍，暗褐色，质脆；肾肿大 3～5 倍，黑红色，质脆易碎。胆囊肿大充盈。

有喂用喹乙醇过长病史，结合症状和剖检即可诊断。

第六节　其　他　病

一、肉禽腹水综合征

肉禽腹水综合征的主要临诊症状为腹部膨大，腹部皮肤变薄发亮，触诊有波动感。不能站立，以腹部着地，喜卧，行动缓慢似企鹅状，两翅下垂，呼吸困难，冠髯紫红，皮肤发绀，用注射器可从腹腔抽出不同数量的液体。有的突然死亡。剖检：肺弥漫性充血、水肿。心肿大、心壁变薄、心包积液。肝肿大、紫红，表面附有灰白或淡黄色胶冻样物。肾充血肿大，有尿酸盐沉积。

通风不良、缺氧或用煤炉取暖；饲喂高能颗粒饲料，日粮中添加油脂；鸡舍卫生条件差，有害气体浓度高；海拔高，慢性缺氧；饲料和饮水中钠含量过高，以及一些中毒因素，是发生本病的原因，可作分析参考。

二、异食癖

1. 啄羽癖　鸭多发，先个别自食或互啄食羽毛，背部羽毛稀疏残缺。鸭毛残缺，新生羽毛根粗硬。

2. 啄肛癖　多发于生产母鸭，肛门括约肌松弛，产蛋后肛门黏膜外露造成互啄。有的鸭于腹泻、脱肛或交配后发生自啄和互啄。

3. 啄蛋癖　多因饲料中缺钙和蛋白质不足所致。

4. 啄趾癖　大多是幼禽喜互相啄食脚趾，引起出血或跛行。

第五章

鸭鹅病的防治理念

第一节　保持环境卫生

禽在生长发育过程中需要有一个良好的生存环境，而这个环境需要人来创造。如果搞好卫生防疫，科学饲养管理，人类就能创造财富和获得高营养的肉食品。否则，禽类会生长缓慢，甚至发生传染病、寄生虫病、营养缺乏症，要花费不少医药费，如有死亡则损失更大。因此，要抓好卫生工作。

1. 禽舍外必须把杂草及杂物清除并打扫干净，冲洗禽舍的污水作沼气原料或经消毒处理以防止污染环境，对于粪便可采取干燥、发酵后制成有机肥料或高温烘干（可彻底杀灭病原体），具有较高的商品价值。

2. 不论地面平养、网上平养、笼养，每天都要把禽粪清除干净，防止积粪发酵产生氨气，危害禽的健康。冬季取暖如用煤炉，应搞好通风，避免一氧化碳中毒。禽舍既要保证通风、空气新鲜，又要保证冬暖夏凉。

3. 垫料要保持松散、不潮湿、不结块，不过干（起灰尘），不含灰尘、铁钉、铁丝、绳、线、石块、塑料杂物，每天需要翻动。如垫料被饮水弄湿，应及时清除晾晒，以免发霉致病。

4. 饮水设备如真空饮水器、乳头饮水器，每天至少清洗一次，水槽、杯式饮水器更要每天清洗。料盘、食槽喂食后也要清洗，以保证禽在饮食时不因器具污染而致病。

5. 放牧鸭、鹅时，要选择水源无污染，附近农田近期未打过农药、施过化肥，野草中无毒草，避免引起中毒。天热时应搭棚，使鸭、鹅有阴凉休息处。

6. 每栋禽舍应饲养同一品种、同一日龄、同一来源的禽群，避免交叉感染，肉鸭、肉鹅最好"全进全出"，以便禽舍能彻底清洗消毒，使下一批饲养的禽群能有一个安全环境。

第二节 做好消毒工作

消毒是用物理的（冲洗、紫外线、火焰、高温、煮沸等）、化学的（各种药物）和生物学的（发酵）方法杀死病原体，用以阻断病原的传播途径和控制病原体的感染，是预防和控制疫病传播的重要手段之一。

一、常用的消毒药品

1. 氢氧化钠（钾） 即苛性钠（钾），浓度2％的用于病毒、细菌污染的禽舍、饲槽、运输车船消毒，隔12小时用水冲洗后，禽方可进入。

2. 生石灰水 10％～20％，现配现用，用于地面、墙壁消毒。

3. 漂白粉（含氯石灰） 一般用5％～20％混悬液喷洒，1％～3％可用于饲槽、饮水槽及其他非金属用具的消毒，0.03％～0.15％用于饮水消毒，10％～20％混于排泄物消毒。

4. 次氯酸钠 0.3％～1.5％溶液用于禽舍喷雾消毒。

5. 过氧乙酸 0.05％～0.5％溶液1分钟内可杀死芽孢，0.005％～0.05％溶液可杀死细菌，可用于耐酸塑料、玻璃、搪瓷和用具浸泡消毒，也可用于鸭、鹅舍地面、墙壁、食槽喷雾消毒和室内空气消毒，本药对组织有刺激性和腐蚀性，对金属也有腐蚀作用。消毒时注意自身防护，避免刺激眼鼻黏膜。

6. 甲醛（蚁醛、福尔马林） 甲醛溶液含甲醛约40％，以2％福尔马林（含甲醛8％）用于器械消毒，6％甲醛常用于喷洒消毒，10％福尔马林（4％甲醛）用于固定、保存解剖标本。还可用于生物制品，通常用于菌苗灭活的浓度为0.1％～0.8％，用于疫苗灭活浓度为0.05％～0.1％。熏蒸，消毒每立方米空间用30毫升甲醛溶液加高锰酸钾15克，蒸发消毒4～10小时，室温不应低于15 ℃，否则消毒作用减弱。

7. 戊二醛 用浓度为2％的溶液浸泡橡胶和塑料制品及鸭、鹅用具，一般只要15～20分钟即可彻底消毒，杀死细菌芽孢需4～12小时，微生物接种箱内熏蒸消毒每立方米蒸发1.06毫升（10％戊二醛），密闭过夜即可。

8. 高锰酸钾（过锰酸钾、灰锰氧） 0.1％浓度溶液用于皮肤、黏膜的冲洗、饮水消毒，2％～5％浓度溶液用于杀死芽孢的消毒及污物桶的消毒。

9. 碘 以95％酒精配成2％碘酊，用于禽皮肤消毒，也可在1升水中加

2%碘酊5～6滴能杀死致病菌和原虫，15分钟后即可饮用，含1%碘的甘油可涂抹黏膜杀菌。

10. 新洁尔灭　1%浓度溶液用于蛋壳喷雾消毒和种蛋的浸洗消毒（浸洗不超过3分钟）、皮肤黏膜消毒，0.15%～2%浓度溶液可用于鸭、鹅舍喷雾消毒。

11. 百毒杀　0.05%浓度溶液用于疾病感染的浸泡、洗涤、喷洒消毒，平时定期对环境、器具、种蛋消毒。600倍稀释，进行浸泡、洗涤、喷雾、饮水消毒，改善水质按2 000～4 000倍稀释。

二、消毒措施

1. 应该消除禽舍内外杂物（舍外包括野草、瓦砾、小树丛），将垃圾、粪便打扫干净，硬地面进行冲洗，再用消毒药认真进行喷洒，喷雾消毒，不留死角。消毒后2～3天才能将新禽入舍。

2. 所有设备、饮食用具清洗干净后，再用消毒药浸泡，喷洒消毒。

3. 必要时按养殖场的规定浓度对禽进行带禽消毒，尤其已发现传染病时每天消毒1次。

4. 饮水需取自无污染的水源，定期检测水中细菌含量，如有超量必须进行消毒。

5. 工作人员进入禽舍必先进行消毒，非生产人员及外来人员禁止进入禽舍。

6. 垫料应在放入禽舍时一同熏蒸消毒，定期将垫料拌入甲醛，盖上塑料膜，通过发酵杀死病毒、细菌和寄生虫卵。

7. 淘汰禽或病死禽应做无害化处理，对其曾生活的场地、用具进行严格消毒。

8. 运输车辆及盛物用具经消毒后才能入场。但不得进入禽舍。

9. 为防止疾病垂直传播，对孵化过程（种蛋接收—种蛋消毒—种蛋贮存—分放—码盘—入孵—落盘—出雏—质检—雏禽处置—雏禽存放—雏禽销售）中的蛋及用具均要严格消毒，以保证雏禽不带病。

第三节　进行免疫接种

免疫接种是预防和控制传染病发生的重要措施之一。传染病虽然种类很多，但不会全部在一个地区发生，如果本地区和邻近的地区曾发生过某种传染病，为防止其突然再次发生造成损失，必须进行预防接种。因此，禽场可根据情况制订禽的免疫程序，以保证禽的安全健康。

鸭、鹅的免疫程序见表 5-1。

表 5-1 鸭、鹅免疫程序

类 别	免疫时间	疫苗名称	接种方法	免疫期
鸭 （母鸭产蛋前 14~28 天）	1 日龄	雏鸭肝炎弱毒疫苗 雏鸭肝炎弱毒疫苗	皮下注射 0.1 毫升 肌内注射 1 毫升， 2 周后再注射 1 次	1 个月 （可使幼鸭有 较强免疫力）
鸭 （雏鸭）	2 日龄以上 5 日龄	鸭瘟鸭胚化弱毒疫苗 鸭瘟鸭胚化弱毒疫苗	肌内注射 1 毫升 肌内注射 0.2 毫升 （60 日龄再注射 1 次）	6~9 个月
雏鹅 （母鹅产蛋 前 15 天）	出壳 24 小时内	小鹅瘟雏鹅疫苗 小鹅瘟鹅胚弱毒疫苗	皮下注射 0.1 毫升 肌内注射 1 毫升	3 个月
鹅 （母鹅产蛋前 14~28 天）	14~16 日龄	鹅副黏病毒疫苗 鹅副黏病毒疫苗	雏鹅注射 0.3 毫升 肌内注射 0.5 毫升	6 个月
鸭、鹅	3 月龄以上	鸭鹅霍乱弱毒疫苗	肌内注射 0.5 毫升	3~5 个月
鸭、鹅	2 月龄以上	鸭鹅霍乱油乳剂灭活疫苗	肌内注射 1 毫升	6 个月
鸭、鹅	2 月龄以上	鸭鹅霍乱组织灭活苗	肌内注射 2 毫升	3 个月
鹅	产蛋前 15 天	鹅蛋子瘟灭活苗	肌内注射 1 毫升	4 个月 （对鹅副黏病毒病）

资料来源：陈国宏，《鸭鹅饲养技术手册》。

免疫接种工作做得好，即可保证被免疫的各种传染病不会发生，才能使养殖者的利益得到保障。对母禽产蛋前的免疫接种，一些可以垂直传播的传染病（如小鹅瘟、鸭病毒性肝炎）尤其要重视，因为已感染的禽蛋可能雏禽不出壳即死在胚胎期。

在进行免疫接种时，要严格按照说明书的要求操作，避免发生差错，影响免疫效果。

1. 滴鼻免疫 疫苗必须滴入鼻孔，点眼必须点入眼内，之后才可将禽放开。如需滴入口中，则滴在舌面或咽下即可。如向咽喉滴则易误入气管。

2. 饮水免疫 在接种前停止供水（天热时停 2 小时，冬季 4 小时）。饮水免疫的疫苗用量为滴鼻、点眼的 2～3 倍，疫苗所用水量依据禽的日龄和环境温度而定，以在 1～2 小时饮完为宜。在混合疫苗中加少量食用染色剂（免疫宝），色素可黏附在禽嘴部、舌、嗉囊上数小时，可监测禽是否喝到疫苗。

3. 疫苗刺种 刺种部位应在翅内侧无血管处，可用接种针蘸取疫苗刺入皮下，针尖稍抬高疫苗液即进入皮下。1 周后刺种部位皮肤出现干燥结痂，说明接种成功，否则应重新接种。

4. 注射免疫 一般使用连续注射器，使用前应先调好剂量，注意连接部分不能漏气，否则易造成剂量不足。注射针头应经常更换，以防接种感染。皮下注射选择颈背部下 1/3 处，肌内注射选胸部肌肉最丰满处。一个禽群应选择同一侧注射，便于检验。

在发生传染病时，为了迅速控制和扑灭疫病的流行，对尚未发病和易受威胁的禽群，可进行紧急免疫。可阻止传染病的侵入而保证安全。如是小鹅瘟、鸭病毒性肝炎可用高免血清，对当时的健康鸭、鹅采取被动免疫，对病禽能起到治疗作用。面对本场发生的传染病，通过临诊症状、病理变化和实验室诊断确诊后，也应采取紧急免疫。发病之初挑出的病禽在严格消毒的情况下立即隔离，并予以淘汰或无害化处理。对健康禽（包括已感染尚未发病的禽）迅速进行免疫接种，其中处于潜伏期的感染禽，采取紧急免疫对其有很好的保护作用。有些传染病（如大肠杆菌病）血清型比较多，若疫苗与病原的血清型不符则会影响免疫效果，而采用本场病禽的菌株所制的灭活疫苗进行免疫接种，则能有很好的免疫效果。

对有些传染病，主要是垂直传播，在感染后虽不会很快发病死亡，但生产性能（产肉、产蛋）受到严重影响，且病禽会成为病的传播者，因此在平时要加强检验，如发现有阳性反应的禽应及时淘汰做无害化处理，特别是母禽更要严格进行检验。及时淘汰的结果是使该病在禽场消失。孵化用的种蛋必须来源于无该病的禽场。

第四节　鸭鹅病的治疗

禽病的治疗原则是：早发现、早确诊、早隔离、早治疗。

在诊断时，必须了解客观环境对本病的影响，根据饲料是否霉变、添加的配合饲料有没有过量、免疫接种情况、发病的进展情况、临诊症状、死禽剖检的病理变化等进行综合分析，必要时将病料送实验室检验以确诊，然后对症下药，方能取得良好的治疗效果。千万不要盲目用药或任意加大剂量，以避免用药过量而发生中毒。

对国家禁用的药物和其他化合物千万不要使用。对国家允许对禽使用的药物，在肉、蛋将出售时，必须注意休药期，以免禁用药物残留于肉、蛋内而危害人体健康。应尽量做到禽肉、禽蛋是无公害的绿色食品。

一、禁止在饲料或饮水中使用的药物

1. 肾上腺素受体激动药

（1）盐酸克伦特罗（β_2 肾上腺素受体激动药）。

（2）沙丁胺醇（β_2 肾上腺素受体激动药）。

（3）硫酸沙丁胺醇（β_2 肾上腺素受体激动药）。

（4）莱克多巴胺（一种 β 兴奋剂）。

（5）盐酸多巴胺（多巴胺受体激动药）。

（6）西马特罗（一种 β 兴奋剂）。

（7）硫酸特布他林（β_2 肾上腺受体激动药）。

2. 性激素

（1）己烯雌酚（雌激素类药）。

（2）雌二醇（雌激素类药）。

（3）戊酸雌二醇（雌激素类药）。

（4）苯甲酸雌二醇（雌激素类药）。

（5）氯烯雌醚。

（6）炔诺醇。

（7）炔诺醚。

（8）醋酸氯地孕酮。

（9）左炔诺孕酮。

（10）炔诺酮。

（11）绒毛膜促性腺激素（激素类药），用于性功能障碍，习惯性流产及作为卵巢激素类药。

（12）促卵泡生长激素（促性腺激素类药）。

3. 蛋白同化激素

（1）碘化酪蛋白（蛋白同化激素类药），为甲状腺素的前驱物质，具有类似甲状腺素的生理作用。

（2）苯丙酸诺龙及其注射液。

4. 精神药品

（1）盐酸氯丙嗪（抗精神病药，镇静药），用于强化麻醉及使动物安静等。

（2）盐酸异丙嗪（抗组胺药）。用于变态反应性疾病，如荨麻疹、血清病等。

（3）安定（地西泮），抗焦虑、抗惊厥药。

（4）苯巴比妥（镇静催眠药，抗惊厥药，巴比妥类药）。缓解脑炎、破伤风、士的宁所致的惊厥。

（5）苯巴比妥钠（巴比妥类药），用于缓解脑炎、破伤风、士的宁所致的惊厥。

（6）巴比妥，用于中枢抑制和解热镇痛。

（7）异戊巴比妥（催眠药，抗惊厥药）。

（8）异戊巴比妥钠（巴比妥类药），用于小动物的镇静、抗惊厥和麻醉。

（9）利血平（抗高血压药）。

（10）艾司唑仑。

（11）甲丙氨酯。

（12）咪达唑仑。

（13）硝西泮。

（14）奥沙西泮。

（15）匹莫林。

（16）三唑仑。

（17）唑吡旦。

（18）其他国家管制的精神药品。

5. 各种抗生素滤渣

抗生素滤渣是抗生素产品生产过程中产生的工业废渣，因含有微量抗生素成分，在饲料中添加对禽有一定的促生长作用。但其对养殖业的危害很大，一是容易引起禽类产生耐药性；二是未做安全性试验，存在各种安全隐患。

二、食品动物禁用的兽药及其他化合物

表5-2所列的药物是对食品动物禁用的，不论在何种情况下，都不得在鸭、鹅场使用。

表 5 - 2 食品动物禁用的兽药及其他化合物

兽药及其他化合物名称	禁用用途	禁用动物
β兴奋剂类：克仑特罗、沙丁胺醇、西马特罗及其盐、酯及制剂	所有用途	所有食品动物
性激素类：己烯雌酚及其盐、酯及制剂	所有用途	所有食品动物
具有雌激素样作用的物质，玉米赤霉醇、去甲雄三烯醇酮、醋酸甲孕酮及其制剂	所有用途	所有食品动物
氯霉素及其盐、酯（包括琥珀氯霉素）及制剂	所有用途	所有食品动物
氨苯砜及其制剂	所有用途	所有食品动物
硝基呋喃类：呋喃唑酮、呋喃它酮、呋喃苯烯酸钠及制剂	所有用途	所有食品动物
硝基化合物：硝基酚钠、硝呋烯腙及制剂	所有用途	所有食品动物
催眠、镇静类：安眠酮及制剂	所有用途	所有食品动物
林丹（丙体六六六）	杀虫剂	水生食品动物
毒杀芬（氯化烯）	杀虫剂、清塘剂	水生食品动物
呋喃丹（克百威）	杀虫剂	水生食品动物
杀虫脒（克死螨）	杀虫剂	水生食品动物
双甲脒	杀虫剂	水生食品动物
酒石酸锑钾	杀虫剂	水生食品动物
锥虫胂胺	杀虫剂	水生食品动物
孔雀石绿	抗菌、杀虫剂	水生食品动物
五氯酚酸钠	杀螺剂	水生食品动物
各种汞制剂：包括氯化亚汞（甘汞）、硝酸亚汞、醋酸汞、吡啶基醋酸汞	杀虫剂	动物
性激素类：甲基睾丸酮、丙酸睾酮、苯丙酸诺龙、苯甲酸雌二醇及其盐、酯及制剂	促生长	所有食品动物
催眠、镇静类：氯丙嗪、地西泮（安定）及其盐、酯及制剂	促生长	所有食品动物
硝基咪唑类：甲硝唑、地美硝唑及其盐、酯及制剂	促生长	所有食品动物

三、合理用药的要求

1. 合理用药的原则

（1）每种抗生素都有抗菌谱及适应证，在使用前最好进行药敏试验，选用最敏感的药物，才能取得最好的效果。如果盲目使用抗生素，不仅不能取得理想效果，而且浪费医疗费用、延误治疗。

（2）抗生素对细菌性疾病（有的也包括原虫病）有着预防和治疗作用，但其不是万能的，必须在确诊后有选择地应用，决不能盲目滥用。滥用的结果除治疗浪费外，还会使禽体内的敏感菌株被抑制，耐药性菌大量繁殖，破坏体内的菌群平衡，导致严重的二重感染，出现长期腹泻，久治不愈。

（3）抗生素有的对革兰氏阳性菌有效，有的对阴性菌有效，根据禽病情况需要将抗革兰氏阳性菌的青霉素与抗革兰氏阴性菌的链霉素同时使用有协同作用，可增强疗效。但在用药时也要考虑它们之间有没有颉颃作用，如喂给钙的量过多会影响磷、锌、锰、铁的吸收。

（4）必须严格按照药物使用剂量和说明书用药，不得随意加大剂量和延长使用时间。临诊使用一些抗生素和磺胺类药时，一般连续用药不超过5～7天，否则容易引起中毒。不要违背休药期的规定，从源头上控制药物残留。

（5）大量或长期使用抗生素，极易产生耐药性，直接影响治疗效果，因此预防用药应有计划定期使用。特别是长期使用药物添加剂极易产生耐药性，导致药物残留，甚至蓄积中毒。治疗禽病应选择高敏、价格便宜（价高不见得效好）、无毒（副作用小）、无残留的药物治疗。切忌长期使用单一药物。

（6）多数病原微生物和原虫卵能够对抗生素和寄生虫药形成抗药性，所以用药时间不宜过长，应该与其他药物交替使用，以防形成抗药性。

2. 药物主要使用方法

（1）混于饲料　这是集约化养禽场经常使用的方法，适合长期用药，不溶于水及加入水中适口性差的药物可混于饲料中饲喂。拌料时必须确保药物和饲料混合均匀。在没有拌料机的情况下，一般的做法是先把药物和少量饲料混合均匀，然后把这些混有药物的饲料加入到大批饲料中继续混合均匀。

（2）溶于饮水　这也是集约化禽场经常使用的方法。这种方法适合短期用药和紧急治疗投药，禽发病后不能采食，但能在饮水时投药。对不溶于水或虽溶于水但不被消化道吸收，以及对消化道以外的病原菌不起作用的药物不能经水投药。药物溶于饮水时，也应先由少量水逐渐扩大到禽群需要的水量，并应半小时内饮完。尤其不能向流动水中直接加入药物的粉剂或原液，否则不能保证用药的剂量。

（3）注射　有些难经胃肠道吸收或经胃肠道易被消化液破坏的药物，可用皮下或肌内注射，剂量准确，适用于逐只用药，尤其是紧急治疗。

（4）体表用药　对体表有寄生虫、啄肛、脚垫肿等病禽，可在其体表涂抹或喷洒药物。

（5）蛋内注射　将药液直接注射入蛋内，以消灭垂直传播的病原微生物，如沙门氏菌等。对缺乏维生素 B_1 的蛋禽所产的蛋，为避免孵化后期胚胎死亡，也可在孵化期将维生素 B_1 注入蛋内。

（6）药物浸泡　为消除蛋壳表面的病原微生物，先将种蛋洗涤，然后将种蛋浸入一定浓度的药液中，浸泡 3～5 分钟即可。药物可渗透到蛋内而消灭蛋内病原微生物。有真空浸蛋法和变温浸蛋法。

（7）喷洒　对环境季节性定期喷洒杀虫剂，以控制外寄生虫及蚊、蝇等。

四、鸭鹅的一些生理指标

1. 体温　鸭鹅的正常体温为 41～42 ℃。

2. 呼吸频率　鸭鹅的呼吸频率见表 5-3。

表 5-3　鸭鹅的呼吸频率（次/分钟）

性别	鸭	鹅
公	42	20
母	110	40

3. 血液指标　鸭鹅血液中红细胞及血红蛋白的含量见表 5-4。

表 5-4　鸭鹅血液中红细胞及血红蛋白含量

类别	红细胞含量（×10⁶ 个/微升）	血红蛋白含量（克/毫升）
鸭	3.06	0.16
鹅	2.71	0.15

资料来源：张泽黎、郭建颐、张让均，《鸡鸭鹅病防治》。

鸭鹅血液中血小板与白细胞的含量见表 5-5。

表 5-5　鸭鹅血液中凝血细胞与白细胞的含量及各类白细胞占比

类别	血小板含量（×10⁴ 个/微升）	白细胞含量（×10⁴ 个/微升）	白细胞占比（%）				
			淋巴细胞	异嗜细胞	嗜伊红细胞	嗜碱性粒细胞	单核细胞
鸭	3.07	2.34	61.70	24.30	2.10	1.50	10.80
鹅		3.08	53.00	35.80	3.50	2.00	4.20

资料来源：张泽黎、郭建颐、张让均，《鸡鸭鹅病防治》。

鹅指标取自陈国宏主编的《鸭鹅饲养技术手册》。

附录 伪结核病、禽结核病、禽霍乱类症鉴别简表

病名	病原体	流行病学	临诊症状	病理变化	实验室检验
（鸭）伪结核病	伪结核耶尔森菌	鸡、鸭、鹅、火鸡、珍珠鸡，特别是幼禽可发生，排泄物污染土壤、食物、饮水，经消化道和外伤侵入禽体	最急性：无症状突然死亡。 羽毛暗淡松乱，两腿发软，行走困难，喜蹲卧于地，缩颈低头，眼半闭或全闭，流泪，呼吸困难，水样下痢，绿色或暗红色。后期萎靡，嗜眠，便秘，消瘦，极度衰弱、麻痹	尸体消瘦，泄殖腔松弛，有的外翻。心包积液且呈淡红黄色。心冠脂肪有小点出血，心内膜有出血点或出血斑，肺有出血点或出血斑，切面流出泡沫红色液体，肝、脾、肾肿大，在肝、脾、肺表面有小米大小黄白色坏死灶或乳白色结节。胆囊肿大、充满胆汁。气囊增厚混浊，表面粗糙，有高粱米大小干酪样物，肠壁增厚，黏膜充血、出血，尤其小肠明显	革兰氏阴性杆菌，（0.5～0.8）微米×（0.8～5.0）微米，呈球杆状，多形性，单个或成对排列，瑞氏染色可见两极着色，微抗酸性，无荚膜，不形成芽孢，单个杆菌偶见有周身鞭毛，兼性菌。 普通琼脂上形成光滑或颗粒状透明灰黄色奶油状菌落。 在血液琼脂、麦康凯琼脂、巧克力琼脂平皿中，22℃经24～48小时长出表面光滑边缘整齐的菌落，在37℃经24小时长出表面粗糙且稍干燥、边缘不整齐的菌落。 在鲜血琼脂平皿中不溶血，能发酵葡萄糖、麦芽糖、果糖、甘露醇、木糖、甘露糖、鼠李糖，产酸不产气。七叶苷阳性。不发酵乳糖、卫矛醇、山梨醇、棉实糖、蔗糖。不产生靛基质，不液化明胶，不利用枸橼酸钠，M.R阳性，尿素酶阳性，不产生吲哚
（鸭）禽结核病	禽结核分支杆菌	本菌主要侵害家禽和鸟类，其次是牛、羊、人、犬等，鸡最易感，鸭、鹅、火鸡也感染。其他野禽均能感染，排出的菌污染饲料、土壤、饮水，经消化道感染，带菌尘埃吸入感染	呈慢性经过，毛松乱无光泽，呆立，缩颈似睡，渐进性消瘦，产蛋下降，不愿下水，关节受侵害时跛行，翅下垂，肠受侵害时顽固性下痢	内脏器官出现灰黄色干酪样结节，多弥漫性存在，切开可见黄白色干酪样坏死，结节周围有一层纤维性包囊，通常不发生钙化，肝肿大、黄色或黄褐色，有大小不等的结节，有针帽、粟粒至蚕豆大，甚至有鸽卵大。脾也有结节。严重时，肠系膜、肺、卵巢、肾、腹壁、嗉囊、食管、心包、气囊也可见有结节	菌短小呈多形性，长1.0～4.0微米，宽0.2～0.6微米，无芽孢、无鞭毛，不运动，革兰氏阳性，一般苯胺染料不着色，有耐酸染料的特性，用姜—尼染色法染色，呈红色。而其他一些非分支杆菌染成蓝色（染色特性）。 在培养基中加入2%甘油，并置于5%～10%二氧化碳环境中可促其生长。生长缓慢，经10～21天可长出圆形隆起、表面光滑有光泽，从浅黄到黄色，随时间延长变成鲜黄色菌落。有些长出光滑、扁平、半透明的灰白菌落。在甘油肉汤培养基中长出颗粒沉淀和黏结菌膜的培养物。 对硝酸盐还原，尿素酶、吐温80水解，烟酸形成等均为阴性，甘油促其生长，能还原亚硒酸盐等，接触酶试验阳性

（续）

病名	病原体	流行病学	临诊症状	病理变化	实验室检验
（鸭）禽霍乱	多杀性巴氏杆菌	家禽中以鸡、鸭、鹅和鹌鹑最易感，通过呼吸道、消化道、外伤感染，一年四季发生，但在高温、潮湿多雨的夏秋及气候多变的春天最为多发	最急性：无症状突然死亡。急性：羽乱，闭眼缩颈，翅下垂，不爱动，离群呆立，行走无力，不愿下水，即使下水仅漂浮水面而不游嬉，饮水增加，口鼻流黏液，不时发出咕噜声，不断摇头甩鼻，呼吸困难。排灰白或绿色稀粪，有时混有血液。有时发生关节炎	心包充满透明的橙黄色渗出液，心冠脂肪、心内膜、心肌充血、出血，肝肿大、脂肪变性，有针帽大小的出血点和坏死点，肠道充血、出血，尤以小肠前段最为严重，肠内容物污红色，发生关节炎时，关节面粗糙，内有干酪样物质或肉芽样组织，关节囊增厚，内有红色浆液性或灰黄色黏稠液体	革兰氏阴性短杆菌或球杆菌。长0.6～2.5微米，瑞氏染色两极着色，无鞭毛，不能运动，不形成芽孢，为需氧兼性厌氧菌。普通培养基上37℃经18～24小时可见灰白、半透明、光滑、湿润、隆起，边缘整齐、露滴状小菌落，直径1～2毫验。血清琼脂或马丁琼脂上生长良好，不溶血。在肉汤中培养时初期呈均匀混浊，24小时上清液清亮，管底有灰白色絮状沉淀，轻摇时呈辫状上升。该菌可利用果糖、甘露糖、蔗糖，产酸不产气，不能利用肌醇、鼠李糖、乳糖，靛基质、过氧化氢酶、氧化酶和硝酸盐还原阳性，尿素酶阴性，不液化明胶

谷军虎，张光辉，张铁闯 . 2008. 蛋鸡 . 北京：中国农业出版社 .

常泽军，杜顺风，李鹤飞 . 2007. 肉鸡 . 北京：中国农业大学出版社 .

张泽黎，郭健颐 . 1998. 鸡鸭鹅病防治 . 北京：金盾出版社 .

甘孟侯 . 1999. 中国禽病学 . 北京：中国农业出版社 .

H. W. 卡尔尼克（美）. 1991. 禽病学 . 北京：中国农业大学出版社 .

邱行正，林茂勇，李良玉 . 1998. 实用养鸡与鸡病防治 . 成都：四川科
    技出版社 .

C. A. W. 杰克逊 . 1984. 澳大利亚禽病资料汇编 . 天津禽病防治中心 .

张光弟 . 1998. 新编禽病防治 . 武汉华星饲料科技开发有限公司 .

　　董彝，字正范，1920 年 10 月出生于江苏溧阳市上兴镇一个贫民家庭，父金庚系文盲，母王秀琳粗识文字。父母有远见，力主让我上学读书。1937 年抗日战争期间全家逃难至长沙，我投考陆军兽医学校（现吉林大学农学部畜牧兽医学院）。在校刻苦学习，尤其注意贾清汉老师在临床诊断时的排除法（即类症鉴别），终身受益。1940 年毕业后曾在军队任兽医。1950 年 7 月考入华东农林干部训练班学习，既提高政治觉悟，又增长了牛、猪疫病防治知识。1952 年 2 月被分配至皖北行署农林处家畜防疫队工作，8 月调阜阳地区组建家畜防疫站。适太和县发生牛病，奉命前往调查疫情，并见到病牛，体温 41℃左右，腿部多肉处肿胀，按压有捻发音，牛显跛行，发病 24 小时死亡。初步诊断是牛气肿疽，即电告皖北行署农林处和华东区农林部畜产处。华东农业科学院吴纪棠研究员前来调查。在其未来之前，奉命在双浮区政府院内设点对病牛（包括一般普通病）抢救治疗，当时治疗牛气肿疽，除抗气肿疽血清外，没有其他可用之药，而血清必须从苏联进口，不得已只能用青霉素试治，只要在发病 12 小时内抢救及时，每 6 小时肌内注射 40 万国际单位，最多三天即可痊愈，如超过 12 小时抢救，疗效差。吴纪棠研究员认为根据临床症状可以确诊为气肿疽，并认为我所采用的治疗方法国内外尚无报道，建议我写篇论文送交《畜牧与兽医》发表，以供其他地区参考（吴纪棠研究员携带病料回华东农业科学院经过检验，确认为气肿疽）。1951 年我写了《盘尼西林对牛气肿疽（黑腿病）疗效的报告》，刊于《畜牧与兽医》（1952 年 3 卷 4 期）。在抢救过程中，发现患气肿疽牛死亡后（要深埋），畜主一家悲痛万分，因为当时一头牛约值 50 万元（旧币），一亩地仅能收小麦 60 千克（约值 12 元），一头牛就是半个家业。我深深感到为牲畜治病，不仅仅是简单地使病畜恢复健康，能否治好病畜还关系着畜主一家的经济命运

（当时医疗费全免），因此，深感肩负的责任很重，不仅无论晴天下雨、白天黑夜随请随到，而且在诊疗中竭尽全力，尽量治好每一头家畜，以减少农民的损失，方觉得心安。

1952 年 10 月中央在开封召开气肿疽防治座谈会，我有幸被邀请参加。会上，虽然苏联专家彭达林科推崇抗气肿疽血清，对青霉素疗效不予置信，但农业部畜牧兽医总局程绍迥局长确认青霉素疗效，并予以推广，建议我开展用青霉素静脉注射治疗发病超过 12 小时病牛的研究，我承诺回去试试，可惜回来奔走于各县，无暇进行研究，引以为憾。

1952 年底被评为一级技术员。

1953 年在党和政府领导下，阜阳地区开展气肿疽防疫运动，总结防疫经验，将各县防疫队由逐区注射改为分区包干，大大提高防疫效率和防疫密度，同时也增加了兽医日平均报酬，节省了防疫经费。年气肿疽菌苗未能按计划及时供应，只能根据疫苗供应时间分春、夏、秋三次注射，防疫密度达 100%。其中对疫区防疫，我采取了如下措施，防疫效果显著：从疫点外围几千米的村庄开始，逐步向疫点进行，并把在疫点工作的兽医分为三组，一组注射，一组随后注意观察，见有反应立即测温并报告第三组，第三组进行抢救治疗，如此半个月后即不再发病。经这次防疫运动，1954 年阜阳地区未再发生气肿疽。

1954 年机构改革，将区级事业单位阜阳地区畜牧兽医所、阜阳地区植棉指导所、阜阳地区蚕桑指导所、阜阳地区病虫防治站、阜阳地区新式农具推广站、阜阳地区种子站撤销，合在一起组建为阜阳专署农业技术推广所，原机构均改为组，阜阳专署农业技术推广所所长由农业局长兼任，我被任命为畜牧兽医组组长。

担任组长期间，为了促进本地区的畜牧业发展，尽力摸清本地区不同县乡的畜牧业基本情况和造成差异的原因，根据不同季节需要，改善饲养管理。如做好冬季保暖，必须在秋末做调查和准备；要储备青草，必须在夏季开始，这时青草割后能再生，营养成分也较丰富。更需了解不同县乡各种畜禽繁殖及疫病防治情况等，并且要求各县分好、中、差三个不同类型的乡进行调查，并将调查总结上报，再针对存在问题提出合理化建议供上级部门参考，以促进畜牧业生产和减少疫病发生。

1959 年调阜阳地区种畜场，除负责种猪场、种羊场、种马场、种鸡场的饲养管理，制定规章制度及畜禽疫病防治外，还在场办畜牧兽医学校授课和编制规划等。根据阜阳行署要求，由我设计机械化养猪场并负责施工。另外，还曾设计万头猪场建设图参加安徽省的评选。

1961 年 11 月调回阜阳地区农业局，除办公室工作外，常赴各县会诊畜病。1962 年农业局建立畜牧兽医站兽医门诊部，调拨 5 人，我是其中之一。兽医门诊部开业不到 2 月，有 2 头前胃弛缓严重的病牛前来诊治，我在用药处方中列酒石酸锑钾 5 克，当夜有一头牛死亡，有一个人想借此做文章，说这头牛的死亡原因是酒石酸锑钾超量中毒。我说牛的酒石酸锑钾用量，苏联药理界推荐为 2～4 克，我国药理界推荐为 4～8 克，5 克不足以致死。（后来有一位同志对一头前胃弛缓病牛一次用量 10 克，一日 2 次，连用 3 天，未致死。）一位同志说"老董现在已'趴在地下'了（指 1958 年我因肃反冤案被判开除留用察看），还踩他一脚干啥？"说明我处在劣势环境中。但我没有知难而退，决心在临床上探索如何区分前胃弛缓的轻重，开展了瘤胃蠕动研究。以听诊 5 分钟为一次，记录瘤胃蠕动时间，发现健康牛的瘤胃蠕动时间可连续 300 秒，且听诊近处蠕动音强，远处蠕动音弱。在 640 例病牛中，瘤胃蠕动音时断时续，持续时间有长有短，有的音强，有的音弱，有的蠕动音一次可持续 20～30 秒，有的仅有 1～2 秒。累计 5 分钟内蠕动音持续时间，发现蠕动音稍强，累计持续 100 秒以上的，病较轻；蠕动音弱，累计持续 100 秒以下，病较重；如 5 分钟内累计持续不足几十秒或十几秒，甚至听不到蠕动音，则病情更重。在为安徽农学院（现安徽农业大学）实习同学介绍此体会后，他们认为这是书上没有的，建议我发表这一成果，于是写了《牛瘤胃听诊几点体会》刊于《中国兽医杂志》（1966 年 3 月）。

1962 年为姚庄 1 头出现一侧鼻孔不通气、流脓性鼻液症状的牛行副鼻窦圆锯术，排除干酪样脓而治愈。口孜区有一马两鼻孔流脓样鼻液，呼吸如拉风箱，队委要我看一下，不能治即卖给屠户（价值 60 元），施圆锯术后呼吸正常（价值 4 000 元）。牛鼻息肉，亦用圆锯术从额窦黏膜切除息肉根并烧烙而治愈。颍上县农场一匹马后上臼齿脱落，部分所吃青草通过上颌窦进入额窦，施圆锯术清除额窦、上颌窦青草，并邀请当地李常山牙医合作制作了一个不锈钢丝架的义齿，将牙上方预留的钢丝系于上颌骨所钻骨孔上，马吃草不再进入额窦。凤台县阚町区送诊一头骡驹，被枯桃树枝穿透下颌，致下颌骨连接裂开，切齿隔开 1 厘米，对该驹缝合口腔皮肤穿孔，用弓弦扎紧切齿，每天导管灌服牛奶而愈。

　　1963 年一头母牛难产，胎儿两后蹄已露于阴户外，胎儿太大，无法拉出，而且羊水已流尽，不仅无法扭转胎姿，截胎也无法实施，唯一的办法是剖腹产。我撰写了一个剖腹取胎手术方案，从切腹、取胎至皮肤缝合共费 130 分钟，这是安徽省兽医临床第一例剖腹产。

　　1963 年前湖生产队畜舍失火，有 5 匹马烧伤，其中 1 匹烧伤面积 64.2％，烧伤处渗出严重，除清创、用青霉素抗感染、补液、制止渗出外，用大黄末香油涂布获得预期效果。与丁怀兆合写《马烧伤治疗》刊于《中国兽医杂志》（1964 年 9 月）。

　　1963 年以后，发现有病牛初有腹痛，3 天后即不再痛，排白色胶冻样黏液，触诊右腹中部，听诊前下方有晃水音（十二指肠阻塞），右腹下方、前下方有晃水音（回肠阻塞）。当病牛右侧卧时，在右膝关节附近的腹部向下按压可触及拳头大硬块，半阻塞时还可排黄色稀粪（盲肠阻塞）、四周发生晃水音（结肠盘中心阻塞）、前下方有晃水音，触及腹腔有拳头大硬块（肠缠结），可选右腹适当位置切腹处理阻塞和缠结。这些手术在安徽省兽医临床都是第一次。

　　当时皱胃阻塞（扩张）是较罕见的病，治疗多采取切开皱胃、取净内容物等措施。

　　1968 年，有一病牛膀胱破裂，畜主不同意手术，于是开展了牛膀胱破裂手术路径研究。我在试验牛特别注意到做腹部切口根本不易将膀胱拉到皮肤切口来缝合，而采取肛门左侧切口直接伸手从骨盆腔取膀胱距离最近，易拉膀胱至皮肤切口缝合。1972 年一头公牛因龟头有创伤，地方兽医为其结扎敷料，因结扎过紧致尿闭而导致膀胱破裂，在解除绷带并用探针疏通尿道后施行手术，在肛门左侧切口，缝合膀胱裂口，牛很快康复。连做 6 例均成功。针对以上病例，我撰写了《牛膀胱破裂修补术研究推广》，刊于《阜阳科技》（1983 年 3 月）。

　　1968 年，发现马出现一种皮肤溃疡，表面肉芽组织松软，易被手指抠去一层，层底及四周皮肤内有绿豆大淡色或黄色颗粒，创面渗液，奇痒，硝酸银和烧烙处理无效，经思考，将四周有颗粒的皮肤切离后再将病变皮肤切除，并做外科处理而痊愈。针对此病例，我撰写了《马"恶性溃疡"的治疗》，刊于《安徽畜牧兽医》（1982 年 1 月）。

　　1968 年太和县一头牛鼻流分泌物，在下颌支后下方触诊有波动感，波动区域直径3～4厘米。而这个部位皮下是颈动脉、颈静脉分支形成交叉处，历来为手术禁区，在小心切透皮肤后用止血钳捅破皮下组织，止血钳一张开脓即流出，用高锰酸钾冲洗，冲洗液从鼻孔流出。不久，牛痊愈。1969年在104干校劳动，应生产队要求诊治一头牛，呼吸有鼾声，在下颌后上方皮下有波动，直径4～5厘米，应要求手术施治。小辛庄老刘亲眼所见，他对人说："九里沟的牛发鼾，当地兽医还在耳下开一口说没脓，我也看着与好的一样，怎样也看不出有肿的地方，老董看看摸摸就说有一碗脓，一开刀果然淌出一碗脓，也不鼾了，真太神了。"

1968年，有一匹马患肠卡他，曾在当地治疗3天仍腹泻，来阜阳地区兽医院治疗，用药不久即排干粪。畜主说："老董你真有本事，一用药就不拉稀了。"我说："这个病就是一会拉干一会拉稀，在我用的药尚未彻底发挥作用前下一泡粪可能拉稀。"果然不久又拉稀。畜主说："你看得真准。"不吹牛，实事求是，对人诚信，方可得到畜主信任。

1968年近郊一生产队一头杂交牛偷吃黄豆5～10千克。如此大量黄豆若腐败发酵，所产的氨及抑制酶可致牛死亡，而洗胃效果不明显，必须切开瘤胃全部取出。结果取出两筐黄豆和碎豆瓣，并冲洗瘤胃，将从瘤胃取出洗净的草加拌食母生粉再送进瘤胃五盆草而后缝合，牛3天后即反刍。

1968年，有一种猪病出现在农忙季节，因农户在农忙季节推迟晚上喂猪的时间。因天已黑，猪已睡觉。猪被唤醒喂食，贪食较多，膨大的胃紧贴腹壁。猪不运动，继续睡觉，遇到小雨淋或卧于湿地，或寒风吹，致胃内容物发酵。第二天体温40～41℃，不吃食。因受凉而发病，故名"类感冒"。注射抗生素可降温并使猪吃少量食，但猪吃食后体温再次升高，又不吃食。曾有一头病猪如此反复8天，排粪球小而干，经服泻剂不到2小时呕吐5次。畜主可指出多次饲喂的食物。经研究，除用抗生素外，必须禁食2天。但猪可以喝水和面汤，待胃内容物排空后方可进食，疗效很好。这是书本上没有记载的病。

1968年各县发生一种新病，马和驹吃了过多的红薯片或小麦后急剧腹泻，体温40℃以上，随后脱水不排粪，24小时死亡。阜阳地区兽医院收治4头不同病程的小驹，1头仅1小时死亡，2头几小时后死亡，1头成活，疗效25%。剖检肠内容物有气体，具酸味，肠炎症状严重，有出血，血液浓稠。1969年有充分时间对该病进行分析研究，认识到一般为了抢救严重脱水的病畜必先补液，但即使大量补液也不见排尿，而已停止排粪的病畜又水泻，如更大量补

液，则发生肺水肿。还认识到该病病因是病畜摄食大量发酸饲料，使肠道 pH
下降，破坏了肠道微生物生态平衡，加上细菌的刺激引起严重肠炎（并有出
血），致肠道渗透压升高，机体水分向肠道大量渗透而致脱水，形成循环障碍，
尤其是微循环障碍，使机体二氧化碳排除困难，加上从肠道吸收的酸，导致机
体酸中毒和自体中毒。过去一般抢救治疗措施多是先补液后服药。经研究，该
病治疗必须抗菌、制酵、解除酸中毒，碱性药入肠必因酸碱中和而产生大量气
体形成泡沫性肠臌胀，故必须解除酸中毒和制酵，同时灌服大量 1‰ 盐水（一
方面缓解肠道渗透压，一方面充盈肠道有利排泄且可防止补液向肠道渗透），
同时加服液体石蜡促排泄和保护肠黏膜，半个小时后即可补液。这亦是过去治
疗效果差的主要原因。之后，这种先服药后补液的措施在各地推广，疗效显
著。针对此病例，撰写了《马急性胃肠炎的治疗》刊于《安徽农林科学实验》
（1980 年 9 月）。该文有人带去太原召开的中国畜牧兽医学会会议，并收到来
信咨询。

　　1969 年阜阳地区兽医院停业期间，我对 3 000 多例牛前胃弛缓资料详细整
理（文字资料 5 万多字），撰写了约 1.3 万字的《牛前胃弛缓病》。另外，整理
了 1 000 多例马肠阻塞（十二指肠、回肠、盲肠、骨盘曲、胃状膨大部、小结
肠、乙状弯曲、直肠）及肠变位（肠套叠、肠缠结、肠扭转、肠变位）病例的
临床症状、直肠检查方法及治疗方法（包括手术治疗），甚至包括继发症的认
识和处理，写成 1.5 万字的《马肠阻塞》，这些资料被阜阳农校老师作为补充
教材。

　　1970 年，发现幼驹易因外因而发生屈腱、跟腱断裂，临床常见到因用夹
板固定而导致关节部位皮肤坏死。经研究，制作了一个钢筋固定架，其高度前
肢自蹄至肘，后肢自蹄至膝，下置蹄板焊内外侧两根钢筋，上端两柱连接，使
肢体置于内外钢筋之间，用棉花、纱布包裹肢体，再用绷带自蹄向上缠绕内外
侧钢柱，绷带经肢的前后平放，这样既可将跗腕关节伸展、指关节屈曲姿势固
定，使断腱密切接触便于愈合，又可使肢体皮肤避免坏死。在创口部位留出空
隙，以便进行腱和皮肤的缝合。应用几十例病驹均有良好效果。与马瑞林合写
《四肢固定钢架的制作和应用》，刊于《中国兽医杂志》（1998 年 12 月）。

　　阜阳地区兽医院张志新院长在考察太和县宫集公社的合作医疗时，适遇一
头小驹患急性胃肠炎，当地兽医无法治愈，张院长建议其按照我的治疗方法施
治，用药 2 次后病驹痊愈，避免了赔偿（按合同规定不治死亡需赔偿 300 元）。

因此，太和县向张志新院长要求派我去为他们讲课，以提高诊治水平。1970年5月由太和县畜牧兽医站与宫集公社和周边三个公社兽医共同商定所要讲的病名，并因希望多讲病，建议不讲发病原因，只讲临床症状和治疗方法。在讲课时，我先将临床症状写在黑板上，待大家基本抄完后给予讲解，而后再写治疗措施并讲解，共讲课10天，计60个病。（这次记录稿被阜阳五七大学兽医班作为教材。）晚上解答兽医过去积累的疑难问题。因此，他们对这次学习很满意。

1971年，驹先天性髌骨变位，出生后两后肢不能伸直，吃奶时稍一歪头即摔倒，常因饥饿和后躯褥疮不能存活。发现病驹髌骨移位于膝关节外侧，强制髌骨于膝关节前方，驹能站立，妥善处置膝关节即可正常行走。当时书本上无此病，经思考必须切断股膝外侧直韧带、膝外侧直韧带和膝外上方的肌筋膜形成的膝外侧韧带，再用钢筋固定架使膝关节伸张，以固定髌骨于膝关节前方，半月即可撤架正常行走。

1971年，牛过食红薯、面食致瘤胃pH降至5～6，尿pH降至4～5，造成酸中毒，除前胃弛缓症状外，四肢软弱，行走不稳，最后瘫卧。除洗胃外，静脉注射碳酸氢钠可获得良好效果。针对此病例，撰写了《对黄牛瘤胃酸中毒的治疗体会》刊于《皖北兽医》（1987年12月）。

1972年，胎儿期牛、马的膀胱是管状，自输尿管从脐孔排尿于尿囊，出生断脐后脐动脉、脐静脉转为韧带将膀胱提升至骨盆腔逐渐膨大成囊状。若幼畜生后排出第一泡尿后不再排尿，或在排尿时尿道与脐孔同时滴尿，则有膀胱病变。也有时尿频而尿量少，脐瘘深达20厘米，用高锰酸钾水从脐瘘注入有紫红色水自尿道排出。在脐后5厘米切开腹腔可发现管状膀胱与腹壁有粘连，切割粘连，结扎或缝合脐尿管即可，如管状膀胱有破裂进行缝合。但多因幼畜体质太差而康复者很少。如果在第一次排尿后10小时左右不排尿或排尿时脐部潮湿或有滴尿，适时手术将可大大提高成功率。针对此病例，撰写了《幼畜先天性膀胱粘连治疗的探讨》，这在当时也是未见书本记载的新报道。

我乐于与别人分享技术经验，凡有咨询或会诊者必详细解说，直至其理解为止。我经常这样想，整个阜阳地区有118个区，如果各区兽医接受了我传授的技术，每区每月能减少1头耕畜死亡，这就是对社会主义建设的贡献。

另外，其他兽医前来咨询或邀请会诊，其诊治过程中好的经验或失败教训均可为我所用。1972年在某兽医院得知兽医误将10%盐水当作生理盐水给一小驹补液，之后小驹出现饮一桶水的异常现象。虽然当时未能及时挽救小驹，但后来潜心研究了应急处置方案：①将 10％盐水稀释为 1％左右备用，可预防医源性错误；②静脉注射适量 5％葡萄糖和导服适量清水，即可转危为安。巧合的是 1973 年、1974 年各遇同样情况一次，按预案处置即化险为夷。

阜阳地区兽医院规定谁接收病畜谁诊治到底，他人不插手，如遇疑难之处，可约请会诊。一般夜间病畜有变化时畜主多请我出诊。"文化大革命"期间，阜阳地区兽医院每月的病情报告由我处理，即对所诊治疾病，必须根据畜主主诉、临床症状、病理变化、所用药物及病情转归情况，为之定病名，统计上报（1967 年全年初复诊大小病畜 19 236 次），占据我下班以后大量时间，几乎每天工作 16 小时左右。

但为了能有效治疗病畜，除认真诊断外，用药后的检查、观察也很重要，勤检查、易发现、及时处理突发情况。晚上出诊随喊随到，病畜来诊，随到随诊。下班后即使我在吃饭，也放下饭碗进行治疗，如治疗可缓，吃饭后再用药，如病重则在治疗病畜后再吃饭。这种服务态度也是群众欢迎的。

我在诊治病畜时，对每个症状都予以重视，诊断时思路广，不囿于成例。如在视诊中发现非常规疾病应有的症状，必查出原因，或试用药观察其疗效，以作出治疗性诊断。另外，我对畜主很坦诚，告之我根据症状判定可能是什么病，我将用哪些药，用药后可期待有哪些效果，使畜主对畜病有所了解，对病畜的转归死亡不觉突然，对一些可能出现的症状也多能应对。再加上畜主间传颂的治疗见闻，能充分得到广大畜主的理解。因此，1962—1979 年，在兽医院 18 年间没有与畜主出现过纠纷。由于我每看一病，不论治好与否均予总结，因此，能不断提高诊断和治疗水平，并能不断创新。如马颜面神经麻痹，在马颞颌关节下方 3～4 指（小驹一指）处皮下作扇形注入士的宁，以直接刺激面神经，局部皮肤涂布刺激剂，再用维生素 B_1 肌内注射，约 1 周即可康复。又如耳下腺瘘，用铋泥膏加适量液体石蜡从瘘管口注入，再用铋泥膏盖住瘘管口，再将皮肤缝合，即可制止病畜吃草、咀嚼时流出液体。

1979 年 11 月被调回阜阳地区畜牧兽医站，12 月被选为阜阳畜牧兽医学会秘书长，连任至 1999 年。1979—1999 年组织学术交流，鼓励会员总结经验，多写论文，邀请北京农业大学、江苏农学院、山东农学院、安徽农学院、中国人民解放军军需大学等单位的教授在多次培训班作专题学术讲座，大大提高阜阳地区兽医诊疗水平。阜阳畜牧兽医学会也被评为先进学会，我被评为优秀干部。1988 年成为中国畜牧兽医学会会员，随后成为中国畜牧兽医学会内科研究会和外科研究会会员，1990 年参加养犬研究会并成为其会员。1996 年荣获中国畜牧兽医学会荣誉奖。

1979 年起，参加了一些学术活动。1979 年（九华山）、1991 年（合肥）参加安徽省畜牧兽医学会年会。1980 年（黄山）、1982 年（苏州）、1988 年（六安）、1992 年（泉州）参加华东区中兽医学术研讨会会议。1984 年（黄山）、1987 年（荣昌）参加中国畜牧兽医学会内科学研讨会会议。1987 年（乐山）、1989 年（泰安）、1991 年（烟台）、1998 年（北京）参加中国畜牧兽医学会外科研讨会会议。1989 年聘为皖北地区兽医临床学术研究会顾问、《皖北兽医》编辑。1986 年（凤阳）、1988 年（亳县）参加皖北地区兽医临床研究会议。

1980 年撤销开除留用察看，1983 年平反。

1982 年被任命为阜阳地区家畜检疫站副站长。

骨软症主要是因钙、磷、维生素 D 缺乏或比例失衡而引起。文献有"大旱次年缺磷，洪涝次年缺钙"之说，道理何在没有阐明。为此咨询农业技术员也不得要领，但了解作物生长规律，如小麦在生长过程中，其须根末端释放出有机酸溶解周边土壤中钙而吸收，如遇洪涝，有机酸被稀释并向地下渗透，致根系吸收不到钙或很少吸收钙。次年牛摄食这种麦秸而缺钙。土壤中的有机磷必须有水使之溶解才会被根系吸收，如遇大旱，土壤缺水有机磷无法被溶解吸收，次年吃这麦秸自然缺磷。1982 年各县发生牛跛行，啃砖块，地方兽医大量补钙不见病症减轻，向我咨询。有意思的是有些下过雨的乡村无此病。因此，我向气象局查看资料，发现 1980 年小麦下种后至 1981 年 5 月雨量很少，从而证实此次的牛骨软症是因缺磷引起。建议各县用磷酸钠或隔年麸皮（麸皮含磷量为 0.636%）每天 3.5 千克，连服 7 天，取得良好效果。针对此病例，撰写了《气象因素与骨软症的关系》刊于《安徽畜牧兽医》（1987 年第 2 期）。

自 1982 年到 2000 年，应各县、区的邀请为基层兽医培训班讲课，少则 1～2 天，多则 7～10 天，有的是专题讲座，大多是由基层兽医提出病名，我边写边讲，听众有 3 000 多人，基层兽医多认为受益匪浅。

1983 年农村开放集贸市场，一个集市有几个牲畜交易所，一个检疫员难以完成全部检疫任务。在太和县调查中发现开展的特种行业整顿是行之有效的方法，将各种交易行业统一管理，牲畜交易必有检疫证方可成交，没有税收凭证的不能出交易市场。我认为这种市场管理方式解决了检疫难的问题，故特别撰写了一个调查报告呈送阜阳地区农业局、阜阳专署、安徽省农业厅，抄报农牧渔业部。农牧渔业部派全国畜牧兽医总站工作人员会同安徽省家畜检疫总站人员来阜阳调查后，于1983年7月11日以《太和县综合治理农村集市取得成绩》上报中共中央、全国人民代表大会常务委员会、国务院办公厅，并在各省、直辖市、自治区推广。

2001年，发现病犬洗冷水澡或雨淋或卧湿地后，会出现两后肢不能站立或不能迈步，或前肢走动后肢拖着走。曾见一只犬洗冷水澡后3天不能排粪尿，两后肢无疼痛，考虑可能股部神经、肌肉受寒冷刺激后引起某种变性以致影响其功能。经用维生素 B_1、维生素 B_{12}、伊痛舒、安钠咖、复合维生素 B 等一次皮下注射，12小时1次。用药3天即自动排尿，5～10天完全康复。这也是书本上没有记载的病。

在工作之余，积极思考畜牧兽医行业发展思路，为促进畜牧业发展献言献策，以求推动畜牧业的发展，所提的建议有《整顿区畜牧兽医站，规定人数，解决户口、粮食问题》（1962年）、《关于普及兽医医疗技术的意见报告》（1977年）、《开展科研协作，促进畜牧业发展》（1980年）、《关于提高生猪出栏率的建议》，中国科学技术协会于1982年4月8日以《科技工作者的建议》上报中共中央，并通报各省、直辖市、自治区。《改革区乡畜牧兽医站的工作方向，促进畜牧业发展》、《关于阜阳地区发展畜牧业的探讨》（1981年）、《对我区畜牧兽医工作的建议》、《关于调动畜牧兽医科技干部工作积极性，促进畜牧业发展的建议》（1982年）、《关于"三化"养猪的建议》（1983年）、《推广母猪防疫技术等技术承包，促进养猪业发展》、《改革区乡兽医站的建议》、《重视依靠政策和科学技术，加速畜牧业发展》（1984年）、《关于组建农业顾问》（1985年）、《重视青贮饲草，促进畜牧业发展》（1992年）、《关于改革畜牧机制，促进商品化生产，提高经济效益的建议》、《重视科学技术，促进畜牧质和量的发展》、《尊重科学，尊重知识，尊重人才，调动广大科技干部积极性》（1996年）、《成立集团，使产前、产中、产后服务一体化，促进畜牧业发展》（1998年）、《关于开拓我市畜牧业的建议》、《整顿乡镇兽医，促进畜牧业健康发展》（2001年）、《组织畜牧集团，整顿兽医，提高畜禽质量，开拓市场，搞好农村治安，促进畜牧业发展》（2002年）、《整顿乡镇兽医，减轻农民负担，面向世界多产绿色产品》（2002 年）。这是一个畜牧兽医人本着一颗赤诚之心对我国畜牧业发展的点滴贡献。

为发展畜牧兽医事业，推广畜牧兽医技术，经常撰写一些科普作品刊于《阜阳日报》。1979 年牛前胃弛缓洗胃技术获安徽科技大会奖状。1982 年参加安徽省首届科普工作积极分子和先进集体代表大会，荣获积极分子称号。1982 年 12 月参加阜阳地区科技大会获先进工作者称号。1983 年评为高级兽医师。1984 年退居二线，负责兽医管理工作。1987 年选为阜阳市第三届政协委员，同年聘为阜阳市农业技术职务评委会委员。1989—1991 年在安徽省江淮职业大学阜阳分校开办一届兽医大专班。1991 年加入中国共产党更加重了责任心。2005 年在保持共产党员先进性教育中被授予优秀共产党员称号。1991 年退休，又继续留用至 1994 年。1992 年 7 月阜阳老年专家协会成立，被选为理事，连任至今。

1990 年与周维翰、陶友民、王永荣合写《畜禽重症急救》（安徽科学技术出版社出版），连续印刷 3 次，获安徽优秀图书三等奖。1995 年，编写《畜禽病临床类症鉴别丛书》，均由中国农业出版社出版。2000 年《实用猪病临床类症鉴别》（第 1 版）出版。2001 年，《实用牛马病临床类症鉴别》出版，连续印刷 3 次。2004 年《实用犬猫病临床类症鉴别》、《实用禽病临床类症鉴别》出版。2005 年，《实用羊病临床类症鉴别》出版。2006 年，《实用兔病临床类症鉴别》出版，连续印刷 2 次。2008 年，《实用猪病临床类症鉴别》（第 3 版）出版。

虽年过九十，身体还健壮，拟写几本临床诊断应用类图书，聊以为畜牧业做点贡献。

董 彝

2014 年 4 月 12 日

图书在版编目（CIP）数据

实用鸭鹅病临床诊断经验集／董彝主编．—北京：
中国农业出版社，2014.4
（兽医临床快速诊疗系列丛书）
ISBN 978-7-109-18920-1

Ⅰ.①实…　Ⅱ.①董…　Ⅲ.①鸭病-诊断②鹅病-诊
断　Ⅳ.①S858.3

中国版本图书馆 CIP 数据核字（2014）第 033718 号

中国农业出版社出版
（北京市朝阳区麦子店街 18 号楼）
（邮政编码 100125）
责任编辑　颜景辰　王森鹤
————————————————
北京中科印刷有限公司印刷　　新华书店北京发行所发行
2014 年 10 月第 1 版　　2014 年 10 月北京第 1 次印刷
————————————————
开本：720mm×960mm　1/16　　印张：11.75
字数：186 千字
定价：30.00 元
（凡本版图书出现印刷、装订错误，请向出版社发行部调换）